Nikhil Sharma
Chandan Kumar
Praveen Saraswat

Robô agrícola polivalente para lavoura, sementeira e pulverização

Nikhil Sharma
Chandan Kumar
Praveen Saraswat

Robô agrícola polivalente para lavoura, sementeira e pulverização

ScienciaScripts

Imprint
Any brand names and product names mentioned in this book are subject to trademark, brand or patent protection and are trademarks or registered trademarks of their respective holders. The use of brand names, product names, common names, trade names, product descriptions etc. even without a particular marking in this work is in no way to be construed to mean that such names may be regarded as unrestricted in respect of trademark and brand protection legislation and could thus be used by anyone.

Cover image: www.ingimage.com

This book is a translation from the original published under ISBN 978-620-7-48795-0.

Publisher:
Sciencia Scripts
is a trademark of
Dodo Books Indian Ocean Ltd. and OmniScriptum S.R.L publishing group

120 High Road, East Finchley, London, N2 9ED, United Kingdom
Str. Armeneasca 28/1, office 1, Chisinau MD-2012, Republic of Moldova, Europe
Printed at: see last page
ISBN: 978-620-8-25605-0

Índice

Abreviaturas

AI – Artificial Intelligence

AMS – Automatic Milking System

BLDC – Brush-Less DC

CAD – Computer-Aided Drawing

CAE – Computer-Aided Engineering

CSA – Climate Smart Agriculture

DEITY – Department of Electronics and Information Technology

DPDT – Double Pole Double Throw

GDP – Gross Domestic Product

GVA – Gross Value Added

ICAR – Indian Council of Agricultural Research

IR - Infrared

ITRA – Information Technology Research Academy

MCIT – Ministry of Communication and Information Technology

MEMS – Micro-Electromechanical Systems

NASSCOM – National Association of Software and Services Companies

NITI – National Institute for Transforming India

PCB – Printed Circuit Board

PWC – Plastic Wood Composite

SENSAGRI – Sensor-based Smart Agriculture

Resumo

O relatório destaca um projeto inovador centrado na utilização de um único robô para realizar várias tarefas agrícolas essenciais, incluindo a lavoura, a sementeira e a pulverização. Em busca de uma maior eficiência nas práticas agrícolas, este projeto introduz uma nova abordagem ao cultivo da terra. A caraterística distintiva do sistema de robôs agrícolas reside na sua capacidade multitarefa, que lhe permite executar várias funções, como lavrar, semear e pulverizar água e fertilizantes. Esta capacidade multifuncional torna o robô adequado para aplicação em plataformas de agricultura, florestação e jardinagem.

Principais objectivos e âmbito do projeto

O principal objetivo do projeto é conceber, desenvolver e fabricar um robô capaz de executar simultaneamente tarefas agrícolas essenciais numa única operação. Ao integrar mecanismos de aragem, sementeira e pulverização num sistema unificado, o projeto visa aumentar a eficiência global das operações agrícolas. Além disso, o projeto procura oferecer aos agricultores e proprietários de terras agrícolas uma alternativa inteligente às práticas agrícolas convencionais. O design do robô foi concebido para se adaptar a diversos terrenos, com rodas grandes e uma elevada distância ao solo para garantir a adaptabilidade.

Conceção e caraterísticas funcionais do robô

O design do robô incorpora várias caraterísticas funcionais destinadas a otimizar o seu desempenho em diferentes ambientes agrícolas. Todos os componentes eléctricos, incluindo os fios, a bateria, o Arduino e o microprocessador, estão alojados numa caixa à prova de água concebida à medida, feita de material PWC. Este design garante durabilidade e proteção contra factores ambientais. O mecanismo de aragem utiliza um atuador que pode ser ajustado para atingir a profundidade e altura desejadas para um cultivo eficiente do solo. Além disso, uma caixa de distribuição de sementes em madeira com grande capacidade facilita uma cobertura de sementeira abrangente em campos inteiros. A tração traseira do robô, alimentada por dois motores de limpa para-brisas padrão, fornece binário e potência suficientes para uma manobrabilidade perfeita em vários terrenos. Todo o sistema funciona com um motor de alimentação de 12V DC.

Embora o modelo atual sirva de protótipo, existe um potencial significativo para um maior aperfeiçoamento, tanto em termos de conceção como de capacidade operacional. As futuras melhorias visam otimizar o desempenho do robô e torná-lo mais prático e adequado para aplicações agrícolas do mundo real. Além disso, o projeto visa sensibilizar para os benefícios da automatização no sector agrícola e promover a adoção de soluções de alta tecnologia, como robôs e drones. À medida que a automação continua a ganhar força na agricultura, espera-se que revolucione os processos agrícolas tradicionais e melhore significativamente a eficiência e a sustentabilidade globais. O projeto exemplifica uma abordagem pioneira à automação agrícola, aproveitando a robótica avançada para racionalizar eficazmente as tarefas agrícolas essenciais. Ao integrar múltiplas funções num único robô, o projeto visa inaugurar uma nova era de eficiência e produtividade no sector agrícola. Com os avanços e inovações em curso, o potencial da automação para transformar as práticas agrícolas é imenso, prometendo um futuro mais brilhante e mais sustentável para a agricultura.

Capítulo 1: Introdução

O setor agrícola é uma pedra angular do panorama económico da Índia, exercendo uma influência significativa com a sua contribuição de quase 17,8% para o Valor Acrescentado Bruto (VAB) no ano fiscal de 2019-20. De acordo com o repositório de métricas de desenvolvimento do Banco Mundial, o setor também serve como fonte primária de emprego, sustentando aproximadamente 41,5% da força de trabalho indiana em 2020. Para além do seu significado económico, a agricultura tem profundas implicações socioeconómicas, exigindo uma atenção e uma sensibilização inabaláveis em todos os estratos da sociedade. A agricultura, enquanto espinha dorsal da nossa civilização, está a passar por uma revolução impulsionada pelo sector agrícola, que tem estado sempre na vanguarda da inovação tecnológica, evoluindo constantemente para responder aos desafios de alimentar uma população global em crescimento, optimizando simultaneamente a utilização dos recursos. Nos últimos anos, a integração da robótica na agricultura surgiu como um paradigma revolucionário, oferecendo oportunidades sem precedentes para revolucionar as práticas agrícolas tradicionais. Entre os inúmeros avanços na robótica agrícola, uma inovação que se destaca é o Robô Agrícola Multiusos com Mecanismo de Lavoura, Sementeira e Pulverização.

Este sistema robótico de vanguarda representa uma mudança de paradigma na automação agrícola, oferecendo aos agricultores uma solução versátil e eficiente para várias tarefas, incluindo a lavoura, a sementeira e a pulverização. Ao aproveitar o poder da robótica, este robô agrícola polivalente tem como objetivo simplificar as operações agrícolas, aumentar a produtividade e reduzir as tarefas de mão de obra intensiva, dando assim início a uma nova era de agricultura inteligente. Na sua essência, o Robô Agrícola Polivalente incorpora a fusão da tecnologia robótica avançada com os princípios fundamentais da agricultura de precisão. Concebido para funcionar sem problemas em diversas paisagens agrícolas, desde solos macios a terrenos com inúmeros obstáculos, este robô exemplifica a versatilidade e a adaptabilidade. As suas capacidades multifuncionais permitem-lhe executar tarefas críticas como a preparação do solo, a colocação de sementes e a proteção das culturas com uma precisão e eficiência sem paralelo.

Além disso, a integração de mecanismos de lavoura, sementeira e pulverização numa única plataforma robótica representa um avanço significativo na robótica agrícola. Tradicionalmente, estas tarefas exigiam equipamento separado e intervenção manual, o que conduzia a ineficiências e a um aumento dos custos laborais. No entanto, com o advento do Robô Agrícola Multiusos, os agricultores podem agora realizar estas tarefas em simultâneo, poupando tempo, recursos e esforço. Para além disso, a incorporação de tecnologias avançadas como o CAD-CAE (Computer-Aided Design e Computer-Aided Engineering) desempenhou um papel fundamental no desenvolvimento deste sistema robótico. Ao utilizar ferramentas de simulação e prototipagem virtual, os engenheiros conseguiram aperfeiçoar o design, otimizar o desempenho e validar a funcionalidade antes da implementação física. Este processo de conceção iterativo garantiu que o Robô Agrícola Polivalente satisfaz os requisitos rigorosos das práticas agrícolas modernas.

Para além das suas capacidades técnicas, o Robô Agrícola Multiusos exemplifica um compromisso com a sustentabilidade e a gestão ambiental. Ao reduzir a dependência de métodos agrícolas tradicionais, que muitas vezes envolvem o uso indiscriminado de agroquímicos e lavoura excessiva, este sistema robótico promove práticas agrícolas mais ecológicas e eficientes em termos de recursos. Através da aplicação precisa e direcionada de insumos, tais como fertilizantes e pesticidas, minimiza o desperdício e o impacto ambiental, ao mesmo tempo que maximiza o rendimento das culturas.

Em conclusão, o Robô Agrícola Polivalente com Mecanismo de Lavoura, Semeadura e Pulverização representa uma inovação revolucionária pronta a transformar o panorama agrícola. As suas capacidades multifuncionais, design avançado e foco na sustentabilidade sublinham o seu potencial para revolucionar as práticas agrícolas em todo o mundo. À medida que o sector agrícola continua a abraçar os avanços tecnológicos, este sistema robótico representa um farol de progresso, oferecendo aos agricultores um vislumbre do futuro da agricultura inteligente, eficiente e sustentável.

Nos últimos anos, o sector agrícola tem-se debatido com uma miríade de desafios, que vão desde a estagnação dos níveis de rendimento e o esgotamento dos solos até à crescente escassez de água, às importações substanciais de sementes oleaginosas e à subnutrição generalizada. Além disso, o sector debate-se com a volatilidade dos preços de mercado, as deficiências das infra-estruturas de ligação, as perdas pós-colheita e a falta de informação generalizada. No entanto, talvez a preocupação mais premente continue a ser o impacto adverso das alterações climáticas, que infligiram uma devastação generalizada através de ciclones, inundações, aguaceiros e deslizamentos de terras. Até 25 de novembro de 2021, a Índia testemunhou a perda de aproximadamente 5,04 milhões de hectares de terras aráveis devido a estas calamidades naturais, afectando profundamente os agricultores, em especial a maioria dos pequenos agricultores que constituem cerca de 85% da mão de obra agrícola.

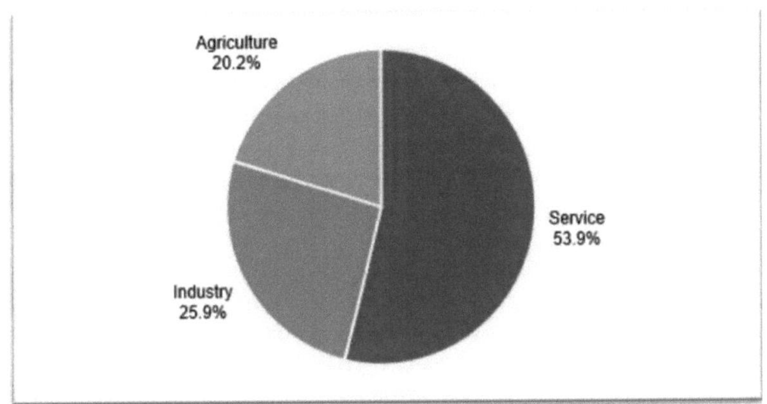

Figura 1.1: PIB setorial na Índia

Tendo em conta estes desafios, surge um imperativo urgente para a adoção de práticas agrícolas inteligentes na Índia. Reconhecendo o papel central da agricultura, o governo indiano tomou uma série de medidas destinadas a revitalizar o sector. Nomeadamente, estão em curso esforços para reforçar a eficiência agrícola e aumentar a rentabilidade dos agricultores, com o objetivo de duplicar os rendimentos dos agricultores até 2022, em comparação com o ano de referência de 2015-16. Estas iniciativas sublinham o empenho do Governo em promover um crescimento agrícola sustentável e em garantir os meios de subsistência de milhões de pessoas dependentes do sector agrícola. [1]

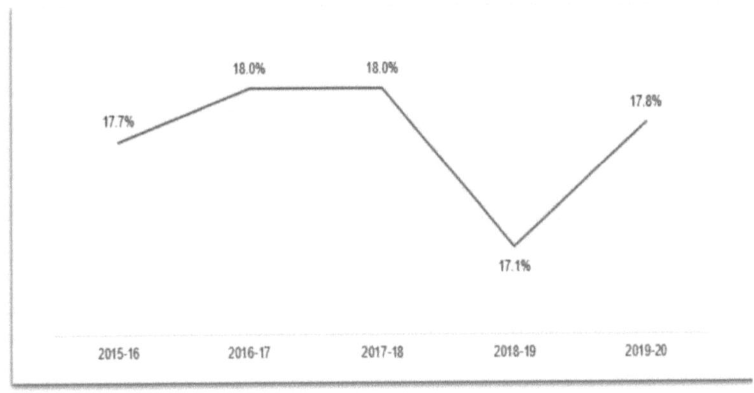

Figura 1.2: Percentagem da agricultura e sectores conexos no VAB da economia total

1.1 Agricultura inteligente na Índia

O apelo às práticas agrícolas inteligentes ressoa profundamente no sector agrícola indiano, apresentando-se como uma solução transformadora para desafios antigos. Em comparação com os métodos agrícolas convencionais, a agricultura inteligente surge como um farol de eficiência e sustentabilidade, tirando partido das tecnologias de ponta para revolucionar as operações agrícolas.

No centro da agricultura inteligente está a integração perfeita de sensores e sistemas de irrigação automatizados, dando início a uma nova era de agricultura de precisão. Através destas inovações, os agricultores obtêm uma visibilidade sem precedentes de parâmetros cruciais, como as condições do terreno, as variações de temperatura e os níveis de humidade do solo. Esta capacidade de monitorização em tempo real permite aos agricultores supervisionar remotamente a saúde das culturas e tomar decisões informadas a partir de qualquer local, transcendendo os constrangimentos das práticas agrícolas tradicionais.

Além disso, o potencial transformador da agricultura inteligente vai para além da mera recolha de dados, abrangendo a convergência de infra-estruturas digitais e físicas. Para os pequenos agricultores e os agricultores marginais, que frequentemente se debatem com um acesso limitado às tecnologias modernas, esta integração apresenta um caminho para uma maior produtividade e rentabilidade. No entanto, a adoção de ferramentas digitais representa um desafio significativo para muitos agricultores, o que sublinha a importância de intervenções específicas e de mecanismos de apoio.

As startups empreendedoras de base agrícola surgiram como facilitadores-chave para colmatar este fosso digital, oferecendo soluções acessíveis e económicas adaptadas às necessidades dos agricultores indianos. O cenário da tecnologia agrícola na Índia testemunhou uma proliferação notável, com a Associação Nacional de Empresas de Software e Serviços (NASSCOM) relatando um número impressionante de 450 startups voltadas para a tecnologia agrícola somente em 2019. Essa trajetória de crescimento exponencial ressalta a crescente atratividade do setor para investidores e financiadores, sinalizando um reconhecimento mais amplo de seu potencial transformador.

Além disso, estas startups provaram ser verdadeiros motores de inovação, com soluções pioneiras que abordam desafios multifacetados, incluindo a resiliência às alterações climáticas através de práticas agrícolas inteligentes em termos climáticos. Ao aproveitarem o poder da tecnologia, estas empresas em fase de arranque não só estão a revolucionar as técnicas agrícolas, como também a capacitar os agricultores para enfrentarem realidades ambientais complexas com confiança e resiliência[1].

1.2 Agricultura inteligente face ao clima (CSA)

A marcha incessante do crescimento demográfico, associada à mudança dos padrões alimentares, colocou uma enorme pressão sobre a paisagem agrícola da Índia. Os agricultores debatem-se com uma miríade de desafios, desde a estagnação do rendimento das culturas e a degradação dos solos até à escassez de água, à diminuição da biodiversidade e à escalada das catástrofes naturais. A agravar estas questões está o facto de a agricultura contribuir com quase 14% do total das emissões de gases com efeito de estufa da Índia, o que agrava a urgência de soluções sustentáveis. As alterações climáticas colocam desafios significativos à agricultura mundial, afectando a segurança alimentar, os meios de subsistência e a sustentabilidade ambiental. Em resposta, o conceito de Agricultura Inteligente face ao Clima (AIS) surgiu como uma abordagem holística para enfrentar estes desafios. A ACI integra três objectivos principais: aumentar a produtividade e os rendimentos agrícolas, adaptar-se às alterações climáticas e reduzir as emissões de gases com efeito de estufa. O presente relatório apresenta uma panorâmica da agricultura inteligente face ao clima, os seus princípios, práticas, benefícios, desafios e perspectivas. As alterações climáticas estão a alterar os padrões meteorológicos, a aumentar a frequência de fenómenos extremos e a afetar os sistemas agrícolas em todo o mundo. A adaptação e a atenuação dos impactos das alterações climáticas são imperativas para garantir a segurança alimentar e o desenvolvimento sustentável. A Agricultura Inteligente face às Alterações Climáticas (AIS) oferece um quadro para atingir estes objectivos, promovendo práticas sustentáveis que aumentam a resiliência, a produtividade e os esforços de atenuação na agricultura.

A agricultura inteligente face ao clima (ASC) é uma abordagem holística destinada a revolucionar os sistemas agro-alimentares e a atenuar os impactos de longo alcance das alterações climáticas, assegurando simultaneamente uma produção sustentável de alimentos e energia. Considerada um farol de esperança, a AAC representa uma estratégia integrada que engloba a gestão de terras agrícolas, gado, florestas e pescas. Ao abordar os desafios interligados da segurança alimentar e da variabilidade climática, a CSA promete resultados transformadores para o sector agrícola da Índia.

Entre estes resultados, o mais importante é a perspetiva de uma maior produtividade. A ACI está preparada para desbloquear o potencial de aumento da produção alimentar sem comprometer a qualidade, reforçando assim a segurança nutricional e promovendo o crescimento dos rendimentos, particularmente entre as comunidades agrícolas marginalizadas. Além disso, ao reforçar a resiliência, a ACI oferece uma tábua de salvação aos agricultores que lutam contra o espetro das pragas, secas, doenças e choques relacionados com o clima, capacitando-os para prosperar no meio de condições ambientais difíceis.

Crucialmente, a CSA detém a chave para a redução das emissões, oferecendo um caminho para um futuro mais sustentável. Através da automatização e de práticas menos intensivas em mão de obra, a ACI procura reduzir as emissões por caloria de alimentos produzidos, mitigar a desflorestação e travar a libertação de gases com efeito de estufa, como o dióxido de carbono, para a atmosfera. Ao abandonar as práticas prejudiciais ao ambiente, a Índia pode dar início a uma nova era de agricultura sustentável, reduzindo a sua dependência de fontes de energia não renováveis e traçando um rumo para um futuro mais verde.

Princípios de uma agricultura inteligente face ao clima:

1. **Intensificação sustentável:** A CSA enfatiza o aumento da produtividade agrícola, minimizando os impactos ambientais negativos, como a degradação do solo e a poluição da água.

2. **Adaptação:** A ACI centra-se no reforço da resistência aos impactos das alterações climáticas através de práticas como a diversificação das culturas, a melhoria da gestão da água e a agrossilvicultura.

3. **Mitigação:** A CSA procura reduzir as emissões de gases com efeito de estufa provenientes das actividades agrícolas, promovendo práticas que sequestram o carbono, como a agricultura de conservação e a reflorestação.

Práticas-chave da agricultura inteligente face ao clima:

1. **Agricultura de conservação:** A perturbação mínima do solo, a cobertura permanente do solo e as rotações diversificadas de culturas melhoram a saúde do solo, a retenção de água e o sequestro de carbono.

2. **Agroflorestação:** A integração de árvores em paisagens agrícolas aumenta a biodiversidade, proporciona sombra e quebra-ventos, melhora a fertilidade do solo e oferece fontes de rendimento adicionais.

3. **Agricultura de precisão:** A utilização de tecnologia para a aplicação precisa de insumos, gestão da irrigação e monitorização ajuda a otimizar a utilização de recursos e a reduzir os impactos ambientais.

4. **Variedades de culturas resistentes ao clima:** A seleção e o cultivo de variedades de culturas tolerantes ao calor, à seca, às pragas e às doenças aumentam a resistência da agricultura às alterações climáticas.

Benefícios da agricultura inteligente face ao clima:

1. **Reforço da resiliência:** As práticas de ACI melhoram a capacidade dos

sistemas agrícolas para resistir às pressões relacionadas com o clima, como secas, inundações e ondas de calor.

2. **Aumento da produtividade:** Os métodos de intensificação sustentável aumentam os rendimentos agrícolas e os rendimentos, conservando simultaneamente os recursos naturais a longo prazo.

3. **Sequestro de carbono:** Práticas como a agro-silvicultura e a agricultura de conservação contribuem para o sequestro de carbono, atenuando os efeitos das alterações climáticas.

4. **Melhoria dos meios de subsistência:** A ACI oferece oportunidades aos pequenos agricultores para diversificarem as fontes de rendimento, acederem aos mercados e desenvolverem capacidades para práticas agrícolas sustentáveis.

Prevê-se que a adoção da Agricultura Inteligente face ao Clima cresça nos próximos anos, à medida que aumenta a sensibilização para os impactos das alterações climáticas na agricultura e se torna mais evidente a necessidade de sistemas alimentares sustentáveis. Para concretizar todo o potencial da ACI, são necessários esforços concertados por parte dos governos, dos decisores políticos, das partes interessadas do sector agrícola e das organizações internacionais para ultrapassar os obstáculos, promover ambientes propícios e alargar as práticas bem sucedidas. A agricultura inteligente face ao clima oferece uma abordagem promissora para enfrentar os desafios complexos colocados pelas alterações climáticas, garantindo simultaneamente a segurança alimentar, a sustentabilidade ambiental e meios de subsistência resilientes. Ao integrar princípios de sustentabilidade, adaptação e mitigação, a ACI tem o potencial de transformar os sistemas agrícolas em todo o mundo e contribuir para um futuro mais sustentável e equitativo para as gerações vindouras.

A adoção de técnicas agrícolas inteligentes do ponto de vista climático está lentamente a ganhar força em toda a Índia, anunciando uma mudança de paradigma nas práticas agrícolas. Na aldeia de Dhundi, em Gujarat, os agricultores adoptaram fontes de energia limpa, como a energia solar para irrigação, demonstrando o potencial transformador das iniciativas agrícolas inteligentes. No âmbito destes programas, os agricultores não só contribuem com eletricidade excedentária para a rede local, como também recebem incentivos pelos seus esforços ecológicos. Além disso, as práticas agrícolas inteligentes facilitam a diversificação das culturas, oferecendo aos agricultores um alívio dos caprichos da monção e promovendo práticas sustentáveis de gestão da água. À medida que a Índia caminha para um futuro mais resistente ao clima, a adoção de uma agricultura inteligente face ao clima surge como um farol de esperança, oferecendo um caminho para a sustentabilidade e a prosperidade para as gerações vindouras. [1]

1.3 Parcerias governamentais

O sector agrícola na Índia encontra-se num momento crucial, confrontado com vários desafios, como a estagnação das colheitas, a degradação dos solos, a escassez de água e as alterações climáticas. Em resposta a estes desafios, o governo embarcou numa série de iniciativas transformadoras de agricultura inteligente destinadas a modernizar as práticas agrícolas e a capacitar os agricultores com tecnologias de ponta.

Visão geral das iniciativas de agricultura inteligente

1. Modelo de previsão de rendimento de culturas utilizando inteligência artificial (IA)

Uma das iniciativas pioneiras no domínio da agricultura inteligente envolve o desenvolvimento de um modelo de previsão do rendimento das culturas utilizando a inteligência artificial (IA). Em parceria com empresas líderes em tecnologia, como a IBM, o governo utilizou algoritmos de IA e análises avançadas de dados para criar um modelo de previsão que fornece serviços de aconselhamento em tempo real aos agricultores. Ao analisar vários parâmetros, como padrões climáticos, saúde do solo e dados históricos, este modelo baseado em IA permite que os agricultores tomem decisões informadas, optimizem a atribuição de recursos e aumentem a produtividade das culturas.

Dados relevantes: De acordo com um estudo do Ministério da Agricultura, a implementação de modelos de previsão de rendimento das culturas baseados em IA levou a um aumento significativo do rendimento das culturas, com os agricultores participantes a registarem uma melhoria de até 20% na produtividade.

2. Sensores de IA para a agricultura de precisão

Noutra iniciativa inovadora, o governo colaborou com o gigante tecnológico Microsoft para instalar sensores de IA para aplicações de agricultura de precisão. Estes sensores de última geração, equipados com tecnologia de imagem avançada e capacidades de análise de dados, monitorizam vários parâmetros, como os níveis de humidade do solo, a temperatura e a saúde das culturas. Ao fornecer informações em tempo real e recomendações acionáveis, estes sensores de IA permitem aos agricultores otimizar os programas de irrigação, detetar precocemente doenças das culturas e melhorar as práticas gerais de gestão agrícola.

Dados relevantes: De acordo com dados recentes do Ministério da Agricultura, as explorações agrícolas equipadas com sensores de IA registaram uma redução de 30% na utilização de água e um aumento de 15% no rendimento das colheitas em comparação com os métodos agrícolas tradicionais.

3. **Drones e robótica para monitorização no terreno**

O governo também iniciou projectos ambiciosos que envolvem a utilização de drones e robótica para a monitorização e gestão dos campos. No âmbito do projeto "Agricultura inteligente baseada em sensores" (SENS AGRI), são utilizados drones e robôs equipados com sensores avançados para efetuar uma prospeção exaustiva dos terrenos agrícolas. Estas plataformas aéreas e terrestres recolhem dados valiosos sobre a saúde do solo, os padrões de crescimento das culturas e as infestações de pragas, fornecendo aos agricultores informações úteis para otimizar as práticas agrícolas.

Dados relevantes: Um estudo-piloto recente realizado pelo Ministério da Agricultura concluiu que as explorações agrícolas que utilizam sistemas de monitorização baseados em drones e robôs registaram uma redução de 25% na utilização de pesticidas e um aumento de 20% no rendimento das colheitas, o que levou a uma poupança significativa de custos e a uma maior rentabilidade para os agricultores.

As iniciativas de agricultura inteligente lideradas pelo governo representam uma mudança de paradigma na agricultura indiana, dando início a uma era de inovação, eficiência e sustentabilidade. Ao aproveitar o poder da IA, dos sensores, dos drones e da robótica, estas iniciativas visam dar resposta aos principais desafios que o sector agrícola enfrenta e capacitar os agricultores com as ferramentas e tecnologias de que necessitam para prosperar no século XXI. À medida que estas iniciativas continuam a evoluir e a expandir-se, têm o potencial de transformar a agricultura indiana, impulsionando o crescimento económico, a segurança alimentar e a sustentabilidade ambiental para as gerações vindouras[1].

1.4 Impacto do orçamento de 2022

O orçamento para 2022 reflecte o empenho do governo em modernizar e revolucionar as práticas agrícolas na Índia. As principais iniciativas e dotações sublinham a importância de tirar partido da tecnologia, reforçar a sustentabilidade e capacitar os agricultores com soluções inovadoras.

Reforçar o financiamento da agricultura

O anúncio do Primeiro-Ministro salienta um aumento significativo dos empréstimos agrícolas nos últimos sete anos, o que indica uma ênfase crescente na modernização das práticas agrícolas. Estes empréstimos desempenham um papel crucial na facilitação da adoção de tecnologias e práticas avançadas, incluindo a agricultura natural e a gestão dos resíduos agrícolas. De acordo com os dados do Ministério da Agricultura, os empréstimos agrícolas aumentaram 2,5 vezes nos últimos sete anos, atingindo níveis sem precedentes de apoio aos agricultores.

Capacitação dos agricultores através da assistência financeira

No âmbito do regime PM Kisan Samman Nidhi, o governo desembolsou um montante substancial de assistência financeira a milhões de agricultores em todo o país. Esta iniciativa visa prestar apoio direto ao rendimento dos agricultores, permitindo-lhes investir em técnicas agrícolas modernas e melhorar os seus meios de subsistência em geral. De acordo com os dados mais recentes, o governo desembolsou 26,4 mil milhões de dólares (2,00,000 milhões de rupias) a 11 milhões de agricultores ao abrigo do regime PM Kisan Samman Nidhi, o que realça a escala e o impacto desta iniciativa nas comunidades rurais.

Promoção da agricultura biológica

Os esforços do governo para promover a agricultura biológica conduziram a um crescimento significativo do mercado de produtos biológicos. Ao incentivar a utilização de produtos biológicos e de práticas agrícolas sustentáveis, o governo pretende melhorar a saúde dos solos, reduzir os produtos químicos e melhorar a qualidade geral dos produtos agrícolas. O mercado de produtos biológicos na Índia expandiu-se para 1,5 mil milhões de dólares (11 000 milhões de rupias), impulsionado pela crescente procura de produtos alimentares saudáveis e amigos do ambiente por parte dos consumidores.

Apoio às empresas de tecnologia agrícola em fase de arranque e à adoção da IA

Em consonância com a sua aposta na inovação e nas soluções baseadas na tecnologia, o governo está a prestar apoio financeiro às empresas de tecnologia agrícola em fase de arranque. Estas empresas em fase de arranque desempenham um papel crucial no desenvolvimento e na aplicação de tecnologias de ponta, como a inteligência artificial (IA), para dar resposta aos principais desafios que o sector agrícola enfrenta. O apoio do governo às empresas de tecnologia agrícola em fase de arranque catalisou a inovação no sector, levando à adoção da IA e de outras tecnologias avançadas para revolucionar as práticas agrícolas e aumentar a produtividade.

O orçamento para 2022 demonstra o empenho do governo em transformar a agricultura indiana através de uma combinação de assistência financeira, adoção de tecnologias e iniciativas de sustentabilidade. Ao dar aos agricultores acesso ao financiamento, promover a agricultura biológica e apoiar a inovação no domínio da agro-tecnologia, o governo pretende criar um sector agrícola mais resiliente, eficiente e sustentável, capaz de enfrentar os desafios do século XXI. [2]

Capítulo 2: Revisão da literatura

2.1 Introdução à Robótica

A robótica engloba a conceção, construção, funcionamento e aplicação de robôs em vários sectores. Este domínio interdisciplinar baseia-se em conhecimentos de eletrónica, mecânica, mecatrónica e engenharia de software. A metalomecânica é crucial para a construção de corpos de robôs, enquanto a mecânica monta componentes como rodas e motores para equilíbrio. A eletrónica alimenta os motores e liga os sensores aos controladores, enquanto o software interpreta os dados dos sensores para um controlo preciso.

Nos últimos anos, a robótica tem registado um crescimento significativo, impulsionado pelos esforços de investigação e desenvolvimento. Os engenheiros inovam continuamente para criar novas gerações de robôs para a indústria transformadora, os cuidados de saúde, a logística e a exploração. A agricultura é também uma área promissora para a robótica, oferecendo oportunidades para a agricultura de precisão, monitorização de colheitas e tarefas autónomas.

A introdução de robôs na agricultura pode aumentar a eficiência, a produtividade e a sustentabilidade, ao mesmo tempo que resolve a escassez de mão de obra. A robótica tem potencial para revolucionar os métodos agrícolas tradicionais e dar início a uma nova era de agricultura inteligente. À medida que a investigação no domínio da robótica avança, a integração de máquinas inteligentes em vários sectores promete inovações transformadoras e oportunidades de crescimento[5].

2.2 Domínios em que os robôs foram introduzidos.

Nas indústrias onde as tarefas são sujas, monótonas ou perigosas, os robots estão cada vez mais a substituir os trabalhadores humanos. Estas máquinas destacam-se em funções que representam riscos para a vida humana ou que requerem esforços extenuantes para serem concluídas. Além disso, as áreas que exigem elevada precisão estão a adotar a robótica a um ritmo acelerado. Eis alguns sectores em que os robôs estão a fazer progressos significativos:

1. Medicina: A cirurgia assistida por robots surgiu para melhorar as capacidades cirúrgicas e ultrapassar as limitações dos procedimentos tradicionais. Estes sistemas ajudam os cirurgiões a realizar cirurgias minimamente invasivas com maior precisão e controlo. Utilizam técnicas avançadas de imagiologia e braços robóticos para executar manobras complexas com exatidão, conduzindo a melhores resultados para os doentes e a tempos de recuperação reduzidos.

2. Aplicações militares: O exército dos Estados Unidos utiliza robôs militares para várias tarefas, desde missões de reconhecimento até à eliminação de bombas. Estes veículos não tripulados operam à distância, reduzindo os riscos para o pessoal humano em ambientes perigosos. Tecnologias avançadas, como a inteligência artificial (IA), permitem a estes robôs navegar em terrenos acidentados, detetar ameaças e executar missões de forma autónoma, aumentando a eficácia e a segurança das operações militares.

3. Exploração mineira: Os robôs estão a revolucionar a indústria mineira, realizando tarefas como a colocação de explosivos, exploração subterrânea e operações em áreas perigosas. Podem navegar e trabalhar em ambientes inadequados para trabalhadores humanos, melhorando a segurança e a eficiência. Os robôs mineiros equipados com sensores e câmaras podem recolher dados valiosos sobre formações geológicas, monitorizar o desempenho do equipamento e detetar potenciais perigos, permitindo uma manutenção proactiva e estratégias de redução de riscos.

4. Robôs industriais: Os robôs industriais, definidos como manipuladores programáveis utilizados na automação industrial, desempenham um papel vital nos processos de fabrico. Estas máquinas, que são utilizadas há mais de quatro décadas, realizam tarefas como remoção de material, manuseamento, pintura, soldadura, montagem, distribuição e inspeção. Com os avanços na tecnologia robótica, os robôs industriais modernos possuem sensores, actuadores e sistemas de controlo sofisticados, permitindo-lhes executar tarefas complexas com rapidez, precisão e fiabilidade. Os robôs colaborativos, ou cobots, também estão a ganhar popularidade pela sua capacidade de trabalhar em segurança ao lado de trabalhadores humanos, aumentando a produtividade e a flexibilidade em ambientes de fabrico.

5. Peixes robóticos: Cientistas britânicos desenvolveram peixes robóticos equipados com sensores para detetar a poluição em ambientes marinhos. Estas máquinas autónomas imitam o movimento de peixes reais e navegam em massas de água para identificar poluentes perigosos. Ao contrário dos modelos anteriores, estes robôs funcionam de forma independente e transmitem os dados para terra através da tecnologia Wi-Fi. Os peixes robóticos não só possuem inteligência para a navegação autónoma, como também contribuem para a investigação marinha, captando imagens da vida marinha e monitorizando a qualidade da água. Com o avanço da tecnologia, espera-se que os robôs desempenhem um papel cada vez mais vital em diversos sectores, oferecendo soluções para desafios complexos e melhorando a eficiência e as normas de segurança. [5]

2.3 Robôs em domínios gerais

Os robôs estão a revolucionar a hotelaria:

No sector da hotelaria, os robôs estão a transformar a experiência dos hóspedes e a simplificar as operações. Um exemplo notável é o Robô REEM H1, concebido por engenheiros de robótica para servir como membro da equipa do hotel, ajudando em tarefas como servir refeições e fornecer informações aos hóspedes. Estes robots aumentam a eficiência e a novidade nos serviços hoteleiros, oferecendo um toque futurista à experiência tradicional dos hóspedes.

Robôs de limpeza inovadores:

Os robots de limpeza tornaram-se indispensáveis para manter a higiene e a limpeza em vários ambientes. Estes robots são concebidos para fins e áreas de limpeza específicos, com diferentes modelos que satisfazem diversas necessidades. Por exemplo, o ROM1 serve para limpar divisões, enquanto o KV8 é um varredor inteligente capaz de navegar em ambientes complexos. Outros exemplos incluem robôs aspiradores, robôs de limpeza de condutas e robôs de limpeza de sarjetas, cada um optimizado para operações de limpeza eficientes e completas.

Integração da robótica no ensino:

A integração da robótica nas salas de aula revolucionou os métodos de ensino tradicionais e melhorou as experiências de aprendizagem. Inicialmente, as aulas inteligentes que utilizavam computadores e projectores facilitavam a aprendizagem visual. No entanto, os recentes avanços levaram à introdução de professores-robôs em países como o Japão. Estes professores-robôs estão equipados com inteligência artificial para realizar várias tarefas de ensino, incluindo a gestão da assiduidade, a interação com os alunos e o ensino das matérias. Ao incorporar a robótica no ensino, as escolas estão a adotar abordagens inovadoras para envolver os alunos e facilitar ambientes de aprendizagem interactivos.

Revolucionando o transporte com carros robóticos:

A tecnologia dos automóveis robóticos está a abrir caminho a sistemas de transporte mais seguros e mais eficientes. Os investigadores da Universidade de Oxford estão a desenvolver veículos autónomos equipados com sensores avançados e algoritmos de IA para interpretar o ambiente que os rodeia e tomar decisões informadas enquanto navegam nas estradas. Estes carros robóticos têm o potencial de aliviar o congestionamento do tráfego e reduzir o impacto ambiental dos transportes. Tecnologias como as fontes de luz infravermelha baseadas em MEMS são utilizadas para a deteção e monitorização de gases, aumentando a segurança e a funcionalidade dos sistemas de automóveis robóticos. À medida que os avanços na robótica continuam, o futuro dos transportes promete que os veículos autónomos revolucionarão a forma como as pessoas se deslocam e viajam. [5]

2.4 Robôs no sector agrícola

Robôs tractores drones

Nos últimos anos, o sector agrícola assistiu a uma transformação significativa com o aparecimento dos tractores robots-drone. Estas máquinas inovadoras representam uma nova geração de tecnologia agrícola, oferecendo uma eficiência e precisão sem precedentes nas práticas agrícolas. Com o fabrico de vários tipos de robôs, incluindo a introdução inovadora do primeiro trator robô drone, a agricultura entrou numa nova era de automação e produtividade.

Capacidades avançadas

Os robôs tractores drones estão equipados com tecnologias avançadas que lhes permitem realizar uma vasta gama de tarefas de forma autónoma. Desde a determinação das melhores localizações de plantação até à calendarização das colheitas e ao planeamento de rotas eficientes através dos terrenos agrícolas, estes robôs revolucionam os métodos agrícolas tradicionais. Ao tirar partido da inteligência artificial e dos algoritmos de aprendizagem automática, os robôs tractores podem tomar decisões baseadas em dados para maximizar o rendimento das colheitas e minimizar a utilização de recursos.

Benefícios ambientais

Uma das principais vantagens dos robôs tractores drones é o seu potencial para reduzir o impacto ambiental da agricultura. Ao empregar técnicas de agricultura de precisão, estes robots podem minimizar a utilização de pesticidas, herbicidas, fertilizantes e água, promovendo assim práticas agrícolas sustentáveis. Isto não só beneficia o ambiente ao reduzir o escoamento de produtos químicos e a poluição, como também contribui para melhorar a saúde do solo e a biodiversidade.

Adoção nos Estados Unidos

A adoção de tractores robô-drone está a ganhar força nas regiões agrícolas dos Estados Unidos. Os agricultores estão a recorrer cada vez mais a estas máquinas inovadoras para racionalizar as suas operações e aumentar a eficiência. Com a capacidade de automatizar tarefas repetitivas e otimizar a atribuição de recursos, os tractores-robô oferecem aos agricultores uma vantagem competitiva no dinâmico panorama agrícola atual.

À medida que a tecnologia robótica continua a avançar, espera-se que as capacidades dos tractores robôs drones se expandam ainda mais. Os desenvolvimentos futuros podem incluir sensores melhorados para a monitorização em tempo real das condições do solo, análises preditivas para otimizar as estratégias de gestão das culturas e a integração com outros sistemas robóticos para uma automatização completa das explorações agrícolas. Com investigação e inovação contínuas, os tractores robóticos estão preparados para desempenhar um papel central no futuro da agricultura sustentável, impulsionando a produtividade, a rentabilidade e a gestão ambiental.

Utilização inovadora de robôs voadores para a distribuição de fertilizantes:

Num desenvolvimento inovador, os robôs voadores estão a ser utilizados para melhorar as práticas agrícolas, particularmente na aplicação de fertilizantes. Um exemplo notável deste avanço tecnológico é a instalação de um robô voador nas terras agrícolas de Ili, uma prefeitura autónoma do Cazaquistão na região autónoma de Xinjiang Uygur, no noroeste da China. Este feito notável, realizado em 25 de julho de 2011, sublinha o potencial da robótica na transformação dos métodos agrícolas tradicionais.

Monitorização e fertilização autónomas: Equipado com equipamento de câmara de última geração e um sistema de fertilização automático, o robô voador funciona de forma autónoma para monitorizar as condições de crescimento das culturas em vastas terras agrícolas. Tirando partido das suas capacidades avançadas, o robô é capaz de analisar com precisão a saúde das culturas e os padrões de crescimento. Além disso, pode aplicar fertilizantes de forma independente nos campos, resolvendo eficazmente as deficiências de nutrientes e optimizando o rendimento das culturas.

Inovação tecnológica: O robô voador instalado em Ili é um testemunho do engenho e dos conhecimentos da comunidade científica, em especial do Laboratório Nacional de Robótica do Instituto de Automação de Shenyang da Academia Chinesa de Ciências. Através de esforços incansáveis de investigação e desenvolvimento, os cientistas conseguiram aproveitar o potencial da robótica para revolucionar a agricultura. Ao integrarem tecnologia de ponta com práticas agrícolas, desbloquearam novas possibilidades de aumentar a produtividade e a sustentabilidade na agricultura.

Impacto na agricultura: A utilização de robôs voadores para a distribuição de fertilizantes é muito promissora para o sector agrícola. Não só simplifica o processo de monitorização e gestão das culturas, como também oferece benefícios significativos em termos de eficiência e precisão. Ao visar com precisão as áreas que necessitam de aplicação de fertilizantes, o robô voador ajuda a otimizar a utilização de recursos e a minimizar o desperdício. Além disso, o seu funcionamento autónomo reduz a necessidade de trabalho manual, aumentando assim a eficiência operacional e reduzindo os custos de mão de obra para os agricultores. À medida que os avanços tecnológicos continuam a acelerar, espera-se que as potenciais aplicações dos robôs voadores na agricultura se expandam ainda mais. Os desenvolvimentos futuros podem incluir a integração de sensores adicionais para uma monitorização abrangente das culturas, a incorporação de inteligência artificial para a tomada de decisões adaptativas e a implementação de sistemas de navegação avançados para manobras aéreas precisas. Com a investigação e a inovação em curso, os robôs voadores estão preparados para desempenhar um papel fundamental na definição do futuro da agricultura, impulsionando o crescimento sustentável e a prosperidade das comunidades agrícolas em todo o mundo.

Figura 2.2: Drone para pulverização de fertilizantes

Avanços na robótica de colheita de fruta:

Estão a ser envidados esforços no desenvolvimento de robôs de colheita de fruta, com uma forte ênfase na garantia de que estes robôs executam a delicada tarefa de colheita de fruta sem causar danos. Os investigadores dedicam-se a conceber meticulosamente estes robôs para evitar que se magoem ou danifiquem a fruta durante o processo de colheita.

Considerações sobre a conceção inovadora:

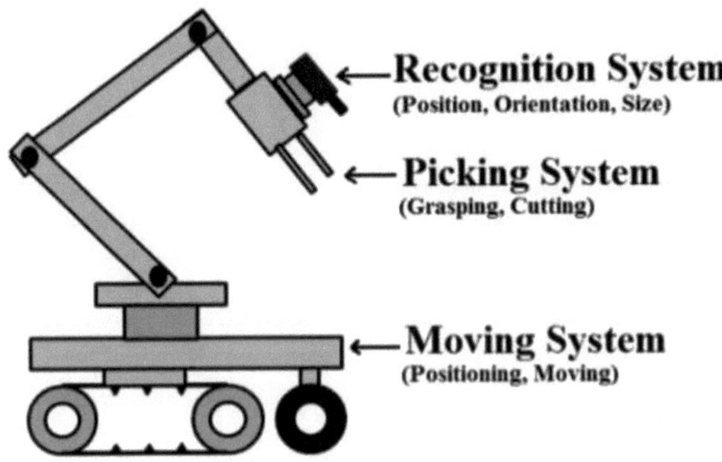

Figura 2.3: Robô apanhador de fruta

Um aspeto fundamental da conceção de robôs gira em torno da implementação de pinças especializadas para manusear a fruta com cuidado. Uma solução notável envolve a integração de pinças de sucção, uma tecnologia comummente utilizada em máquinas automáticas de colheita de fruta. Empresas como a ACRO têm estado na vanguarda do fabrico destas máquinas, demonstrando o potencial das pinças de sucção na colheita cuidadosa de fruta. Embora os esforços de investigação e desenvolvimento se tenham concentrado principalmente nos robôs de colheita de citrinos, existe um interesse crescente em alargar estas capacidades também à colheita de cerejas. A Vision Robotics destaca-se como um contribuinte notável neste domínio, tendo desenvolvido vários robôs concebidos para se destacarem nas tarefas de colheita de fruta.

Inovações da Vision Robotics

A Vision Robotics surgiu como uma força pioneira no domínio da robótica de colheita de fruta. A empresa concebeu com sucesso robôs equipados com capacidades avançadas, prontos a revolucionar o panorama agrícola. Estes robots demonstram um progresso significativo na automatização das operações de colheita de fruta, oferecendo soluções promissoras para aumentar a eficiência e a produtividade nos pomares.

A investigação e o desenvolvimento em curso no domínio da robótica para a apanha da fruta têm um enorme potencial para a indústria agrícola. À medida que as tecnologias continuam a evoluir e a amadurecer, espera-se que os robôs de colheita de fruta se tornem cada vez mais sofisticados e versáteis. Com novos avanços na conceção, na tecnologia de sensores e nos algoritmos de aprendizagem automática, estes robôs desempenharão um papel fundamental na transformação das práticas de colheita de fruta, promovendo a eficiência e a sustentabilidade na agricultura.

Pastoreio e ordenha automatizados de gado:

A ordenha automatizada, também conhecida como ordenha robotizada, revoluciona o processo de ordenha de animais leiteiros, principalmente bovinos, ao eliminar a necessidade de intervenção humana. Esses sistemas, conhecidos como Sistemas Automáticos de Ordenha (AMS) ou Sistemas Voluntários de Ordenha (VMS), surgiram no final do século XX e estão disponíveis comercialmente desde o início dos anos 1990.

Principais componentes dos sistemas de ordenha automatizados: O coração dos sistemas de ordenha automatizados é um robot agrícola especializado, concebido para facilitar todo o processo de ordenha sem problemas. Estes robôs estão equipados com tecnologias avançadas que permitem operações de ordenha eficientes e autónomas.

Principais caraterísticas e funcionalidades: Os sistemas de ordenha automatizados utilizam a informatização e um software especializado de gerenciamento de rebanho para agilizar os procedimentos de ordenha. Estes sistemas oferecem uma gama de funcionalidades, incluindo a limpeza do úbere, a colocação das tetinas, a extração do leite e a desinfeção das tetinas após a ordenha. Ao automatizar estas tarefas, os sistemas asseguram uma produção de leite consistente e higiénica, minimizando as necessidades de mão de obra.

Vantagens da ordenha robotizada: Os sistemas de ordenha robotizada oferecem inúmeras vantagens sobre os métodos tradicionais de ordenha. Eles proporcionam aos produtores de leite maior flexibilidade no gerenciamento de seus rebanhos, pois as vacas podem acessar voluntariamente os postos de ordenha ao longo do dia.

Além disso, estes sistemas melhoram o bem-estar animal, permitindo que as vacas sigam os seus ritmos naturais de ordenha e reduzindo o stress associado às práticas tradicionais de ordenha. A operação bem-sucedida de sistemas de ordenha automatizados depende da integração perfeita de tecnologia e práticas de gerenciamento. Os produtores utilizam software especializado para monitorizar e gerir a saúde do rebanho, a produção de leite e o desempenho individual das vacas. Esta abordagem baseada em dados permite a tomada de decisões informadas e a otimização das operações de ordenha.

Os sistemas de ordenha automatizados desempenham um papel vital na garantia de um fornecimento consistente e fiável de produtos lácteos frescos para satisfazer a procura dos consumidores. Ao simplificar os processos de ordenha e melhorar a eficiência, esses sistemas contribuem para a produção sustentável de alimentos nutritivos para as populações globais.

À medida que os avanços tecnológicos continuam a evoluir, espera-se que as capacidades e a eficiência dos sistemas de ordenha automatizados melhorem ainda mais. Tecnologias avançadas de sensores, inteligência artificial e análise de dados impulsionarão a inovação neste domínio, oferecendo aos produtores de leite novas oportunidades para aumentar a produtividade e a sustentabilidade da produção de leite. [5]

2.5 Âmbito de aplicação dos robôs agrícolas na Índia

O nosso sector agrícola assistiu a avanços significativos no desenvolvimento de equipamento agrícola, tanto pequeno como pesado, adaptado às práticas agrícolas tradicionais. No entanto, a transição para a agricultura de precisão exige a integração de mecanismos robóticos e pneumáticos. Embora os robôs tenham feito incursões em várias indústrias, coloca-se a questão: por que razão não penetraram no sector agrícola?

As tecnologias robóticas têm um enorme potencial para revolucionar as práticas agrícolas. Por exemplo, a utilização de robôs para o controlo de ervas daninhas poderia reduzir significativamente a necessidade de herbicidas, conduzindo a produtos biológicos. Do mesmo modo, os sistemas robóticos podem simplificar tarefas de mão de obra intensiva, como a transplantação de plântulas, reduzindo a dependência do trabalho manual.

Nas zonas rurais, as tecnologias inovadoras desenvolvidas por inventores locais têm-se revelado promissoras na resposta aos desafios agrícolas. Por exemplo, a operação remota de motores eléctricos através de telemóveis oferece aos agricultores uma maior flexibilidade, especialmente durante períodos de fornecimento irregular de energia, como o verão. Além disso, máquinas inteligentes avançadas equipadas com sensores, leitores e PDAs portáteis podem aumentar a precisão e a eficiência computacional nas operações agrícolas.

Apesar destes avanços, o sector agrícola enfrenta numerosos obstáculos, especialmente em países como a Índia. Os relatórios indicam um declínio preocupante no número de agricultores, pondo em evidência os desafios enfrentados pelas comunidades agrícolas. O famoso autor Shineveramya sublinha o papel fundamental dos agricultores como a espinha dorsal do abastecimento alimentar do país. No entanto, a profissão está a perder atração entre a geração mais jovem, que considera a agricultura pouco rentável e arriscada. Consequentemente, muitos jovens estão a optar por carreiras alternativas, como o emprego em empresas de construção, em vez de se dedicarem à agricultura.

Para combater o declínio do interesse pela agricultura e atrair a geração mais jovem, são necessários esforços concertados para modernizar as práticas agrícolas e aumentar a rentabilidade. O investimento em tecnologias inovadoras, a promoção do ensino agrícola e a concessão de incentivos financeiros aos agricultores podem ajudar a revitalizar o sector. Além disso, a sensibilização para a importância da agricultura e o destaque do potencial de inovação e sustentabilidade podem inspirar uma nova geração de agricultores a abraçar a profissão.

A integração de robôs agrícolas na agricultura indiana representa uma mudança de paradigma com potencial para enfrentar desafios prementes e abrir novas oportunidades para o desenvolvimento sustentável. Este relatório abrangente examina o âmbito multifacetado dos robôs agrícolas na Índia, abrangendo os avanços tecnológicos, as implicações socioeconómicas, as considerações políticas e as vias de implementação. Através de uma análise detalhada dos principais factores que moldam a paisagem agrícola, este relatório visa fornecer informações sobre o potencial transformador dos robôs agrícolas e orientar as partes interessadas na navegação do caminho para um ecossistema agrícola mais resiliente e produtivo.

O sector agrícola da Índia encontra-se numa encruzilhada, enfrentando desafios como a escassez de mão de obra, as limitações de recursos e as lacunas de produtividade. Neste contexto, o aparecimento de robots agrícolas oferece uma solução promissora para revolucionar as práticas agrícolas e impulsionar a inovação agrícola. Esta secção apresenta uma visão geral dos actuais desafios da agricultura indiana e introduz o conceito de robôs agrícolas como uma tecnologia transformadora para enfrentar esses desafios.

Cenário tecnológico:

O panorama tecnológico dos robôs agrícolas na Índia engloba uma gama diversificada de inovações, incluindo:

Tractores autónomos: Equipados com GPS, sensores e sistemas de navegação, os tractores autónomos permitem operações agrícolas de precisão, como a lavoura, a sementeira e a pulverização.

Robôs de colheita: Os sistemas robóticos concebidos para a colheita de frutas, legumes e cereais oferecem ganhos de eficiência e poupanças de mão de obra, especialmente para culturas com requisitos de colheita intensivos em mão de obra.

Controlo e monitorização de ervas daninhas: Os robôs equipados com visão por computador e algoritmos de aprendizagem automática podem identificar e selecionar as ervas daninhas, reduzindo a necessidade de herbicidas e de trabalho manual.

Vantagens e aplicações: Os robots agrícolas oferecem várias vantagens e aplicações na agricultura indiana:

Eficiência laboral: Ao automatizar tarefas repetitivas e de trabalho intensivo, os robôs agrícolas atenuam o impacto da escassez de mão de obra e permitem aos agricultores otimizar a sua força de trabalho.

Agricultura de precisão: A aplicação precisa de factores de produção, como fertilizantes, pesticidas e água, aumenta a eficiência dos recursos e melhora o rendimento das culturas, minimizando o impacto ambiental.

Informações baseadas em dados: Os sensores e dispositivos de monitorização integrados nos robôs agrícolas geram dados valiosos sobre a saúde do solo, o crescimento das culturas e as condições ambientais, permitindo aos agricultores tomar decisões informadas e otimizar as suas práticas agrícolas.

Implicações socioeconómicas: A adoção de robôs agrícolas tem implicações socioeconómicas significativas para a agricultura indiana:

Dinâmica do emprego: Embora os robôs agrícolas reduzam a procura de trabalho manual em determinadas tarefas, também criam oportunidades de emprego qualificado no fabrico, assistência e manutenção de robótica.

Desenvolvimento rural: A implantação de robôs agrícolas nas zonas rurais estimula o crescimento económico, gera oportunidades de rendimento e contribui para o desenvolvimento de ecossistemas locais em torno da adoção de tecnologias.

Crescimento inclusivo: Garantir o acesso equitativo à tecnologia de robótica agrícola entre os pequenos agricultores e as comunidades marginalizadas é essencial para promover o crescimento inclusivo e abordar as disparidades na produtividade agrícola.

Considerações políticas: A existência de quadros políticos eficazes é crucial para promover a adoção de robôs agrícolas na Índia:

Ambiente regulatório: Regulamentações e normas claras para a implantação e operação de robôs agrícolas garantem a segurança, a interoperabilidade e a conformidade com as leis ambientais e trabalhistas.

Incentivos financeiros: Os subsídios, subvenções e incentivos governamentais podem encorajar o investimento em tecnologia de robótica agrícola e facilitar o acesso dos pequenos e médios agricultores.

Desenvolvimento de competências: Os programas de formação e as iniciativas de reforço das capacidades são essenciais para dotar os agricultores e as comunidades rurais das competências e dos conhecimentos necessários para operar e manter eficazmente os robots agrícolas.

Estratégias de implementação: A implementação de robots agrícolas na agricultura indiana requer uma abordagem coordenada que envolva várias partes interessadas:

Investigação e desenvolvimento: É necessário um investimento contínuo em investigação e desenvolvimento para promover a inovação, melhorar a fiabilidade da tecnologia e enfrentar os desafios específicos dos agricultores indianos.

Parcerias Público-Privadas: A colaboração entre agências governamentais, instituições de investigação e empresas privadas promove a adoção de tecnologias, a partilha de conhecimentos e o desenvolvimento de capacidades.

Transferência de conhecimentos: Os serviços de extensão, os projectos de demonstração e os programas de formação de agricultores facilitam a transferência de conhecimentos e permitem que os agricultores adoptem a tecnologia da robótica agrícola.

O âmbito dos robôs agrícolas na Índia vai muito para além da mecanização; representa uma oportunidade transformadora para remodelar o futuro da agricultura. Ao alavancar os avanços tecnológicos, promover a colaboração e implementar políticas de apoio, a Índia pode aproveitar todo o potencial dos robôs agrícolas para aumentar a produtividade, a sustentabilidade e a resiliência no sector agrícola. Abraçar esta revolução tecnológica é essencial para garantir a segurança alimentar, promover o desenvolvimento rural e alcançar um crescimento sustentável no século XXI.

2.6 Os problemas da agricultura tradicional

A agricultura tradicional, embora rica em história, enfrenta uma série de desafios na era moderna. Este relatório exaustivo analisa os problemas inerentes à agricultura tradicional, abrangendo ineficiências na utilização de recursos, degradação ambiental, disparidades socioeconómicas e limitações tecnológicas e institucionais. Ao identificar estes desafios e propor soluções, este relatório tem como objetivo contribuir para a transição para sistemas agrícolas mais sustentáveis e resilientes. Os métodos agrícolas tradicionais, transmitidos ao longo de gerações, estão a ser reavaliados tendo em conta a evolução das necessidades agrícolas, as preocupações ambientais e a dinâmica socioeconómica. Esta secção apresenta uma panorâmica dos problemas associados à agricultura tradicional, preparando o terreno para uma exploração mais aprofundada.

Desafios da agricultura indiana:

Utilização incorrecta de fertilizantes: Os agricultores carecem frequentemente de conhecimentos adequados sobre a utilização correta dos fertilizantes. Embora a quantidade correta possa aumentar o rendimento das culturas, a aplicação excessiva danifica-as. Esta utilização incorrecta não só afecta o rendimento, como também apresenta riscos para a saúde, uma vez que alguns agricultores consomem inadvertidamente água contaminada com fertilizantes, o que tem consequências trágicas.

Escassez de mão de obra: Os trabalhadores agrícolas recebem salários significativamente inferiores aos dos seus homólogos noutros sectores, como a construção. Consequentemente, muitos trabalhadores optam por empregos mais bem pagos, agravando a escassez de mão de obra no sector agrícola. Esta escassez de mão de obra dificulta as operações agrícolas e aumenta os desafios enfrentados pelos agricultores.

Suicídios de agricultores: Regiões como Maharashtra, Andhra Pradesh e Karnataka registaram uma tendência preocupante de suicídios de agricultores, com mais de 17 000 casos registados entre 2006 e 2007. Estes trágicos acontecimentos reflectem as imensas pressões financeiras e psicológicas enfrentadas pelos agricultores, decorrentes de factores como a dívida, a quebra de colheitas e a falta de apoio governamental.

Ineficiência de recursos: A agricultura tradicional sofre com a utilização ineficiente dos recursos, incluindo a terra, a água e a energia. A monocultura contínua, as práticas de lavoura intensivas e os métodos de irrigação ineficientes contribuem para a degradação da terra, a escassez de água e a dependência energética, exacerbando as pressões ambientais e limitando a produtividade agrícola.

Degradação ambiental: As práticas agrícolas tradicionais conduzem frequentemente à degradação ambiental e à perda de biodiversidade. A poluição química causada por fertilizantes sintéticos, pesticidas e herbicidas contamina o solo e a água, enquanto a desflorestação e a destruição de habitats para a agricultura invadem os habitats naturais e perturbam os ecossistemas. Estas actividades também contribuem para as alterações climáticas, agravando ainda mais os desafios ambientais.

Desafios socioeconómicos: A agricultura tradicional está associada a vários desafios socioeconómicos, incluindo a pobreza rural, a intensidade da mão de obra e os problemas de transição entre gerações. Os pequenos agricultores, sobretudo nos países em desenvolvimento, enfrentam dificuldades económicas e um acesso limitado aos mercados e aos recursos. As práticas agrícolas de mão de obra intensiva conduzem frequentemente à exploração e a más condições de trabalho, enquanto a relutância das gerações mais jovens em prosseguir a atividade agrícola ameaça a sustentabilidade dos meios de subsistência rurais.

Restrições tecnológicas e institucionais: As limitações tecnológicas e institucionais impedem a adoção de práticas agrícolas modernas e de inovações sustentáveis. O acesso limitado à maquinaria agrícola, às tecnologias da informação e aos serviços de extensão, associado a um apoio político inadequado e a instituições fracas, inibe a transição para sistemas agrícolas mais sustentáveis e resistentes. Além disso, a fraca sensibilização para as práticas agrícolas sustentáveis e as barreiras culturais impedem ainda mais o progresso.

Soluções e recomendações: Para enfrentar os desafios da agricultura tradicional é necessária uma abordagem multifacetada. A promoção de práticas sustentáveis, como a agroecologia e a agricultura de conservação, o investimento na inovação tecnológica, a adoção de políticas de apoio, a criação de iniciativas de reforço das capacidades e o reforço do acesso dos agricultores ao mercado são passos essenciais para a construção de um sistema alimentar mais sustentável e equitativo.

A agricultura tradicional enfrenta inúmeros desafios que ameaçam a sua sustentabilidade e resiliência. Ao adotar soluções inovadoras e promover a colaboração entre as partes interessadas, podemos ultrapassar estes desafios e abrir caminho para um futuro agrícola mais sustentável, equitativo e resiliente. Através de esforços concertados, podemos construir um sistema alimentar que nutra tanto as pessoas como o planeta, assegurando um futuro melhor para as gerações vindouras.

Enfrentar os desafios agrícolas através da tecnologia Para enfrentar estes desafios prementes e elevar o sector agrícola indiano, há uma ênfase crescente no aproveitamento da tecnologia, particularmente da robótica e dos dispositivos inteligentes. A integração de soluções robóticas inteligentes nas práticas agrícolas tem um enorme potencial para atenuar a escassez de mão de obra, otimizar a utilização de recursos e melhorar a gestão das culturas. Os esforços de investigação e desenvolvimento em curso centram-se na criação de robôs inteligentes equipados com inteligência avançada para responder às diversas necessidades da agricultura. No entanto, a adoção generalizada destas tecnologias requer tempo e esforços concertados de várias partes interessadas. Ao abraçar a inovação e aproveitar o poder da robótica, a Índia pode dar início a uma nova era de agricultura sustentável, garantindo o bem-estar dos agricultores e a prosperidade do sector agrícola[5].

2.7 Vantagens da agricultura robótica

Tendo em conta as crises, a integração da robótica na agricultura apresenta vantagens significativas:

- Eliminação de mão de obra: A robótica reduz a necessidade de mão de obra manual em tarefas como a ordenha, permitindo que os agricultores se concentrem em funções de supervisão e cuidados com os animais, optimizando assim a utilização da mão de obra.
- Oportunidades de emprego: A agricultura robótica cria oportunidades de autoemprego, especialmente para os desempregados que consideram as práticas agrícolas tradicionais um desafio. Esta tecnologia abre novas oportunidades na agricultura para pessoas que procuram emprego.
- Eficiência de custos: Embora a agricultura robótica exija um investimento inicial, conduz a uma poupança substancial de custos a longo prazo, reduzindo as despesas operacionais associadas aos métodos agrícolas tradicionais.
- Redução da utilização de recursos: A robótica permite a aplicação precisa de fertilizantes, pesticidas, insecticidas e herbicidas, minimizando o desperdício e reduzindo significativamente o consumo de água. Esta abordagem promove práticas agrícolas sustentáveis e a conservação do ambiente.
- Impacto revolucionário: A robótica revoluciona a agricultura, a agropecuária e o pastoreio de gado, simplificando as operações, aumentando a eficiência e melhorando a produtividade geral do sector.
- Aumento da produtividade: Com a automatização e as tecnologias avançadas, a produtividade na agricultura regista um aumento significativo, conduzindo a rendimentos mais elevados e a uma melhor produção.
- Acessibilidade para os jovens: A robótica torna a agricultura mais atractiva para a geração mais jovem, oferecendo soluções inovadoras e

orientadas para a tecnologia. Esta mudança atrai os entusiastas da engenharia e incentiva uma maior participação dos jovens no sector agrícola.

- Teste de solos e integração de IA: A robótica facilita os testes de solos, fornecendo informações valiosas para a agricultura de precisão. A integração com a inteligência artificial aumenta a exatidão e a eficácia das práticas agrícolas, elevando assim a qualidade da produção agrícola.

Em conclusão, a adoção da robótica na agricultura traz mudanças transformadoras, oferecendo uma multiplicidade de benefícios que vão desde a otimização do trabalho e a eficiência dos custos até à gestão sustentável dos recursos e ao aumento da produtividade. Este avanço tecnológico tem o potencial de remodelar a paisagem agrícola, tornando a agricultura mais acessível, eficiente e amiga do ambiente. [5]

2.8 Desvantagens da agricultura robótica

Custo de implementação:

O custo inicial da implementação da tecnologia robótica na agricultura é normalmente mais elevado em comparação com os métodos agrícolas tradicionais. Este custo engloba várias despesas, incluindo a compra de equipamento robótico, a instalação, a configuração e a manutenção. Além disso, pode haver custos associados à formação de pessoal para operar e manter os sistemas robóticos de forma eficaz. Apesar do investimento inicial mais elevado, os proponentes argumentam que os benefícios a longo prazo, como o aumento da eficiência, da produtividade e a redução dos custos de mão de obra, podem compensar o desembolso financeiro inicial.

Maior complexidade:

A introdução da robótica nas operações agrícolas introduz um nível de complexidade que pode exigir conhecimentos e formação especializados. Ao contrário dos métodos agrícolas tradicionais, que dependem essencialmente do trabalho manual e de maquinaria básica, os sistemas robóticos envolvem tecnologia sofisticada, sensores, actuadores e sistemas de controlo. Os agricultores e os trabalhadores agrícolas podem ter de adquirir novas competências e conhecimentos para operar, resolver problemas e otimizar o desempenho do equipamento robótico de forma eficaz. Os programas de formação e os serviços de apoio técnico são essenciais para garantir a integração bem sucedida da robótica nas práticas agrícolas e para ultrapassar os potenciais desafios associados à complexidade.

Gestão do tempo e mão de obra especializada:

A gestão eficaz do tempo e o acesso a mão de obra qualificada são factores cruciais para o sucesso da integração da robótica nas operações agrícolas. Embora a robótica possa automatizar muitas tarefas, como a plantação, a colheita e a irrigação, a supervisão e a intervenção humanas são frequentemente necessárias para garantir um desempenho ótimo e resolver problemas imprevistos. Os agricultores e os trabalhadores agrícolas devem possuir as competências e os conhecimentos necessários para supervisionar os sistemas robóticos, interpretar dados, tomar decisões informadas e resolver problemas técnicos. Além disso, a coordenação e a programação eficientes das tarefas são essenciais para maximizar os benefícios da tecnologia robótica e minimizar o tempo de inatividade.

Dependência de poder:

A robótica na agricultura está fortemente dependente de fontes de energia fiáveis para funcionar. No entanto, nas regiões rurais de países como a Índia, onde os cortes de energia são frequentes e podem exceder 65%, garantir um acesso consistente à eletricidade representa um desafio significativo. A disponibilidade intermitente de energia pode perturbar as actividades agrícolas, reduzir a eficácia dos sistemas robóticos e conduzir potencialmente a perdas financeiras para os agricultores. Para atenuar este desafio, podem ser utilizadas fontes de energia alternativas, como a energia solar ou geradores de reserva, para complementar a energia da rede e garantir o funcionamento ininterrupto do equipamento robótico. Além disso, estratégias de conceção e otimização eficientes em termos energéticos podem ajudar a minimizar o consumo de energia e aumentar a resiliência dos sistemas robóticos em ambientes fora da rede.

Capítulo 3: Conceção do robô agrícola

A conceção de robôs agrícolas representa um aspeto crucial da modernização e revolução das práticas agrícolas. Este relatório detalhado explora os meandros da conceção de robôs agrícolas, abrangendo subsistemas mecânicos, eléctricos, de software e de sensores. Ao examinar as principais considerações de design, tecnologias inovadoras e aplicações reais, este relatório tem como objetivo fornecer informações sobre o desenvolvimento e a implementação de robôs agrícolas eficazes. Os robôs agrícolas, também conhecidos como agribots ou agrobots, são máquinas autónomas ou semi-autónomas concebidas para executar várias tarefas em operações agrícolas. Esta secção apresenta a importância da conceção de robôs agrícolas no aumento da produtividade, sustentabilidade e eficiência na agricultura.

Conceção mecânica: A conceção mecânica dos robôs agrícolas engloba a estrutura física, os sistemas de mobilidade e os equipamentos para a realização de tarefas específicas. As principais considerações incluem:

- Chassis e estrutura: São utilizados materiais robustos e leves para construir o chassis e a estrutura, garantindo durabilidade e manobrabilidade em diversas condições de campo.
- Sistemas de mobilidade: São utilizados vários mecanismos de locomoção, como rodas, lagartas, pernas e drones aéreos, com base nos requisitos do terreno e nas necessidades operacionais.
- Fixação de implementos: O design modular permite a fixação de diferentes implementos, tais como arados, semeadores, pulverizadores e ceifeiras, permitindo uma funcionalidade versátil.

Sistemas eléctricos e de energia: Os sistemas eléctricos e de energia são parte integrante do funcionamento dos robôs agrícolas, fornecendo energia para propulsão, deteção, acionamento e comunicação. Os componentes incluem:

- Baterias ou fontes de energia: As baterias de alta capacidade, os painéis solares ou os sistemas híbridos fornecem a energia necessária para um funcionamento prolongado em ambientes agrícolas remotos.
- Motores e actuadores: Os motores eléctricos, os actuadores hidráulicos e os sistemas pneumáticos conduzem a locomoção, o controlo de alfaias e outras funções mecânicas.
- Eletrónica de controlo: Microcontroladores, sensores e actuadores são integrados em sistemas de controlo para navegação autónoma, deteção de obstáculos e execução de tarefas.

Software e sistemas de controlo: O software e os sistemas de controlo regem o comportamento e a funcionalidade dos robôs agrícolas, permitindo a autonomia, a navegação e a execução de tarefas. Os componentes incluem:

- Perceção e deteção: Os conjuntos de sensores, incluindo câmaras, LiDAR, GPS e sensores ambientais, fornecem dados em tempo real para mapeamento, localização e prevenção de obstáculos.
- Planeamento de percursos e navegação: Os algoritmos para o planeamento do percurso, localização e controlo do movimento permitem a navegação autónoma e a otimização do percurso em ambientes de campo complexos.
- Execução e coordenação de tarefas: Os algoritmos de controlo coordenam o funcionamento de vários subsistemas, como o controlo de alfaias para lavoura, sementeira, pulverização e colheita, assegurando uma execução eficiente das tarefas.

Tecnologias de sensores: Os sensores desempenham um papel crucial na conceção de robôs agrícolas, facilitando a recolha de dados, a análise e a tomada de decisões. As tecnologias inovadoras de sensores incluem:

- Imagens multi-espectrais: Os sensores capazes de captar imagens multi-espectrais ou hiper-espectrais fornecem informações valiosas sobre a saúde das culturas, o estado dos nutrientes e as infestações de pragas.
- Sensores de solo: As sondas e sensores medem a humidade do solo, a temperatura, o pH e os níveis de nutrientes, orientando a irrigação, a fertilização e as práticas de gestão do solo.
- Monitorização ambiental: Sensores meteorológicos, sensores de qualidade do ar e sensores de microclima monitorizam as condições ambientais, permitindo práticas agrícolas adaptativas e gestão de riscos.

Aplicações no mundo real: Os robôs agrícolas encontram aplicação em várias operações agrícolas e tipos de culturas, incluindo:

- Agricultura de precisão: Os robôs equipados com tecnologias de agricultura de precisão optimizam insumos como a água, os fertilizantes e os pesticidas, reduzindo o desperdício e melhorando o rendimento das colheitas.
- Horticultura e culturas especializadas: Os robots são utilizados em tarefas como a colheita de fruta, a poda e a seleção em pomares e vinhas, aumentando a eficiência e reduzindo os custos de mão de obra.

- Controlo de ervas daninhas e gestão de pragas: Os sistemas robóticos aplicam seletivamente herbicidas e pesticidas, visam as ervas daninhas e monitorizam as populações de pragas, minimizando a utilização de produtos químicos e o impacto ambiental.

A conceção de robôs agrícolas representa um esforço dinâmico e interdisciplinar que engloba subsistemas mecânicos, eléctricos, de software e de sensores. Ao integrar tecnologias inovadoras e ao enfrentar os desafios do mundo real, os robots agrícolas têm o potencial de revolucionar as práticas agrícolas, aumentar a produtividade e contribuir para uma agricultura sustentável e para a segurança alimentar. A investigação, o desenvolvimento e a colaboração contínuos entre as partes interessadas são essenciais para concretizar todo o potencial dos robôs agrícolas na resposta às necessidades em evolução da agricultura mundial.

O design do veículo é meticulosamente concebido para satisfazer critérios específicos:

- Navegação versátil no terreno: Foi concebido para percorrer vários terrenos, desde solos macios a ambientes com inúmeros obstáculos e espaços confinados.
- Capacidade de trabalho óptima: O veículo está equipado com capacidade suficiente para assegurar um desempenho ótimo nas tarefas que lhe são atribuídas.
- Capacidade multifuncional: Pode executar várias tarefas em simultâneo, incluindo lavoura, sementeira e pulverização de água.

Para atingir estes objectivos, a tecnologia CAD-CAE (Conceção Assistida por Computador - Engenharia Assistida por Computador) tem sido utilizada no processo de conceção mecânica. Esta tecnologia inovadora facilita a criação de protótipos virtuais, permitindo aos projectistas validar o projeto antes do seu fabrico efetivo. Os modelos geométricos dos componentes do veículo são criados e montados virtualmente, permitindo testes com vários movimentos mecânicos.

O software utilizado para este fim inclui o Autodesk Fusion 360 e o SolidWorks 2020, ambos reconhecidos pelas suas capacidades de otimização e simulação de design. Estas ferramentas ajudam a otimizar a disposição dos componentes, a distribuição do peso e o aspeto estético geral do veículo. Depois de o protótipo virtual ter sido meticulosamente definido e analisado, o passo seguinte envolve a construção de um protótipo físico para testes e validação no mundo real.

3.1 Conceção da carroçaria

As especificações pormenorizadas dos componentes estruturais do robô são as seguintes:

- **Moldura de base (27 X 18 polegadas)**:

A estrutura de base, medindo 27 polegadas por 18 polegadas, foi meticulosamente concebida com a intenção de acomodar a travessia do robô em diversos terrenos, incluindo superfícies irregulares e remendos. Esta consideração de design teve como objetivo conferir robustez ao robô, garantindo a sua integridade estrutural mesmo em ambientes difíceis. Além disso, a disposição espaçosa da estrutura de base facilita o alojamento de vários componentes eléctricos e mecânicos essenciais para o funcionamento do robô.

- **Distância ao solo (6 polegadas)**:

A decisão de incorporar uma distância ao solo de 6 polegadas foi motivada pelo reconhecimento do seu papel fundamental na determinação da versatilidade operacional do robô. Uma maior distância ao solo assegura um espaço adequado entre a parte inferior do robô e a superfície do solo, protegendo assim os componentes internos de potenciais danos causados por obstáculos irregulares encontrados durante a deslocação. Além disso, esta generosa distância ao solo aumenta a manobrabilidade do robô, permitindo-lhe navegar em terrenos acidentados com facilidade, minimizando o risco de colisões de componentes.

- **Rodas traseiras (7 polegadas)**:

O robô está equipado com rodas traseiras de grandes dimensões, com 7 polegadas de diâmetro. Estas rodas de grandes dimensões têm várias funções, nomeadamente contribuir para a distância total do robô ao solo, o que é essencial para atravessar terrenos irregulares. A sua construção robusta e o seu tamanho amplo proporcionam ao robô uma maior estabilidade e tração, permitindo-lhe navegar em várias superfícies com o mínimo de dificuldade. Além disso, a natureza de baixa manutenção destas rodas assegura um desempenho sustentado durante períodos de utilização prolongados, tornando-as uma escolha ideal para aplicações agrícolas duradouras.

- **Rodas dianteiras: Rodas com rodas de 2 polegadas:**

O robot está equipado com duas rodas de 2 polegadas na parte da frente. Estas rodas são essenciais para proporcionar ao robô uma amplitude de movimento de 360 graus, facilitando a rotação e a manobrabilidade sem esforço. Ao permitir que o robô navegue suavemente em qualquer direção, estas rodas aumentam significativamente a sua eficiência operacional. Além disso, a sua capacidade omnidirecional permite que o robô cubra uma área maior numa única passagem, maximizando assim a produtividade. Além disso, a inclusão de rodas de rodízio elimina a necessidade de um mecanismo de direção separado, simplificando o design do robô e reduzindo a complexidade.

- **Tubo quadrado de ferro dúctil para base: 1x1 polegada (3kg):**

A base do robô é construída com tubos quadrados de ferro dúctil, com dimensões de 1x1 polegada e um peso de 3 kg. Estes tubos foram escolhidos pela sua combinação de construção leve e robustez, tornando-os ideais para a base estrutural do robot. A utilização de materiais leves foi imperativa para garantir que o robô permanece fácil de manusear para os agricultores individuais, facilitando o transporte e a operação sem esforço. Além disso, a forma quadrada dos tubos proporciona uma maior resistência global à base do robot, garantindo durabilidade e integridade estrutural mesmo em ambientes agrícolas difíceis.

- **Dente de lavoura: 12 unidades (12" x 3"):**

O mecanismo de arado do robot é composto por doze dentes de arado, cada um com 12 polegadas por 3 polegadas. Estes dentes de lavoura, que se assemelham a ancinhos de jardim, foram selecionados pela sua aptidão para lavrar e semear eficazmente as sementes no terreno agrícola. Fabricados em ferro fundido dúctil, estes dentes de lavoura apresentam uma durabilidade e uma resistência excepcionais, capazes de suportar os rigores das operações agrícolas. A sua construção robusta garante um cultivo eficiente do solo, mantendo a integridade estrutural geral. Além disso, o design e a disposição dos dentes de lavoura permitem que o robot cubra uma área substancial em cada passagem, contribuindo para uma maior produtividade e eficiência operacional.

- **Bateria de 12 V:**

O robô está equipado com uma bateria padrão de 12V - 7.2AH DC, uma fonte de energia comum utilizada em várias aplicações robóticas. Esta bateria serve de fonte de alimentação primária para os componentes essenciais do robô, incluindo os motores do limpa para-brisas das rodas traseiras, o atuador e o microprocessador responsável pela funcionalidade do controlo remoto. Com a sua capacidade de 7,2 amperes-hora, esta bateria fornece energia suficiente para acionar os sistemas de propulsão e de controlo do robô, garantindo um funcionamento suave e fiável durante as tarefas agrícolas.

- **Motores do limpa para-brisas: 12 V (45 RPM):**

O robô incorpora motores de limpa para-brisas padrão de 12V, normalmente encontrados em aplicações automóveis para operar os limpa para-brisas dianteiros. Estes motores são escolhidos pela sua capacidade de fornecer um elevado binário de saída, essencial para lidar com cargas pesadas encontradas durante as operações de lavoura. Com uma velocidade de rotação de 45 rotações por minuto (RPM), estes motores fornecem a potência e o binário necessários para impulsionar o robô em terrenos e condições de solo variados. A sua construção robusta e as capacidades de binário elevado tornam-nos adequados para as tarefas exigentes associadas ao trabalho agrícola no campo, garantindo um desempenho e uma fiabilidade óptimos.

- **Caixa frontal: (18 x 7,5 x 7) polegadas:**

A caixa frontal do robô funciona como um compartimento personalizado concebido para alojar componentes críticos como a bateria, o microprocessador e as ligações eléctricas. Construída a partir de um material composto de plástico e madeira (PWC) durável, esta caixa oferece uma mistura de força e propriedades de resistência à água, tornando-a ideal para proteger componentes electrónicos sensíveis de factores ambientais como a humidade e o pó. Além disso, as propriedades de isolamento do material PWC protegem a bateria e o microprocessador de danos provocados por problemas eléctricos. O interior espaçoso da caixa frontal acomoda o tanque de água do robô, facilitando o armazenamento e a distribuição de água para fins de irrigação. Além disso, o design elegante e esteticamente agradável da caixa frontal melhora o aspeto geral do robô, contribuindo para o seu aspeto limpo e profissional, ao mesmo tempo que garante um acesso conveniente aos componentes essenciais durante a manutenção e assistência.

- **Depósito de água:**

O depósito de água é um recipiente de plástico retangular com 7,5 polegadas de comprimento, 6,5 polegadas de largura e 3 polegadas de altura. Com uma capacidade de aproximadamente 2,39 litros, serve de reservatório para a água utilizada nas tarefas de irrigação. Posicionado na caixa frontal do robô, o tanque de água está estrategicamente localizado para facilitar o acesso e a distribuição eficiente da água durante a operação. Uma bomba de água de 3V DC é utilizada para extrair a água do tanque, facilitando a sua transferência para as áreas designadas no campo. A bomba está ligada a um tubo de silicone equipado com orifícios devidamente espaçados, assegurando uma pulverização uniforme da água sobre a área cultivada. O controlo da bomba de água é conseguido através de um mecanismo de interrutor simples alimentado por uma bateria de 9V, permitindo um funcionamento conveniente e fiável do sistema de rega.

- **Dispensador de sementes:**

O distribuidor de sementes é um recipiente de madeira com 18 polegadas de comprimento, 6 polegadas de largura e 7 polegadas de altura. Concebido para conter uma grande quantidade de sementes necessárias para a plantação, este distribuidor possui um mecanismo de eixo rotativo que facilita a libertação controlada de sementes na superfície do solo. Três válvulas, estrategicamente posicionadas por baixo do distribuidor, asseguram

colocação precisa da semente, alinhada com a ação de lavoura do robot. Esta configuração assegura uma distribuição óptima das sementes, minimizando o desperdício e maximizando a eficiência da plantação em todo o campo.

- Atuador:

O atuador é um componente concebido à medida, responsável pela execução da ação de arar do robô. É constituído por um motor DC sem escovas de 12V (BLDC) que funciona a uma velocidade de 200 rotações por minuto (RPM), acoplado a um mecanismo de parafuso de 4 polegadas ligado a um ancinho de jardim. O eixo do motor está ligado ao parafuso através de um conetor, permitindo que o movimento de rotação seja traduzido em deslocação linear do ancinho. O conjunto do parafuso está alojado num tubo de PVC fixado por uma porca de bloqueio, garantindo estabilidade e integridade estrutural durante o funcionamento. Para manter o alinhamento adequado e evitar a rotação involuntária, são incorporados dois veios adicionais no conjunto do atuador. Um interrutor DPDT (Double Pole Double Throw) de três vias permite um ajuste fácil da altura do atuador, permitindo um controlo preciso da profundidade de lavra e assegurando uma lavra uniforme do solo em todo o campo. Posicionado entre o depósito de água e o distribuidor de sementes na caixa frontal, o atuador desempenha um papel crucial nas operações agrícolas realizadas pelo robô, contribuindo para uma preparação e cultivo eficientes da cama de sementes.

3.2 Operações

O nosso robô pode efetuar várias operações como -

1) <u>Funcionamento da direção</u> -
   a) O robô é alimentado por dois motores de limpa para-brisas, que também são responsáveis pela rotação.
   b) Os motores são alimentados por uma bateria de 12V
   c) A potência do motor é regulada pelo interrutor de relé.
   d) O sentido de rotação do motor pode ser controlado pelo controlo remoto para dirigir o veículo para a esquerda ou para a direita.

2) <u>Operação de lavoura</u> -
   a) O atuador foi concebido com um motor BLDC de 12V (200 RPM) ligado a um parafuso de 4", para a operação de lavoura.
   b) O parafuso está ainda ligado a um arado (ancinho), que tem 12 dentes (12" * 3").
   c) O atuador é alimentado pela mesma bateria de 12V e é controlado por

um interrutor DPDT de 6 pinos.

d) O atuador pode ser ajustado de acordo com a profundidade desejada para a lavoura.

3) <u>Operação de sementeira de sementes</u> -

a) Uma caixa de madeira (18*6,5*7) polegadas é utilizada para armazenar as sementes e para o mecanismo de distribuição.

b) São utilizados três orifícios de 1" de diâmetro cada, que estão ligados a válvulas para controlar a quantidade adequada de sementes que caem.

c) A caixa é atravessada por um veio rotativo, que é acionado pelas rodas traseiras através de um mecanismo de corrente e roda dentada.

d) Quando o motor é ligado, as rodas tendem a rodar e a rotação do eixo faz com que as sementes caiam no campo cultivado. Há um intervalo de tempo em que as sementes são alimentadas alternadamente no campo arado.

4) <u>Operação de pulverização de água</u> -

a) A caixa frontal aloja o depósito de água, bem como os componentes da bateria.

b) Uma bomba de água é utilizada para bombear água, que passa através de um tubo. O tubo é fixado à frente da caixa.

c) A alimentação da bomba é regulada por um interrutor basculante.

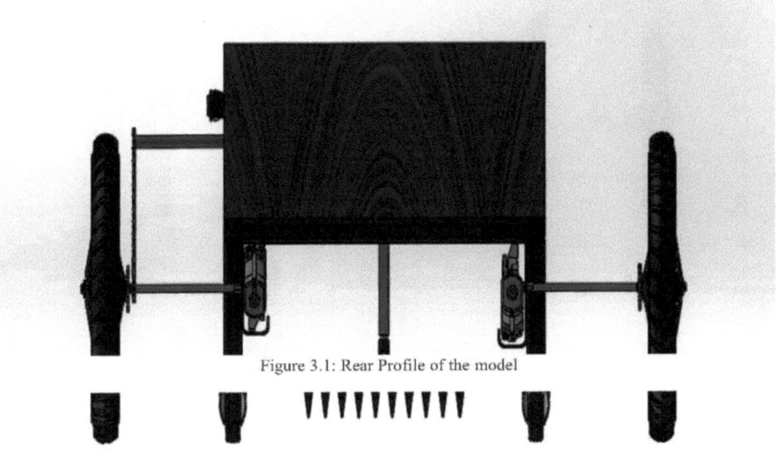

Figure 3.1: Rear Profile of the model

Figura 3.2: Perfil lateral do modelo

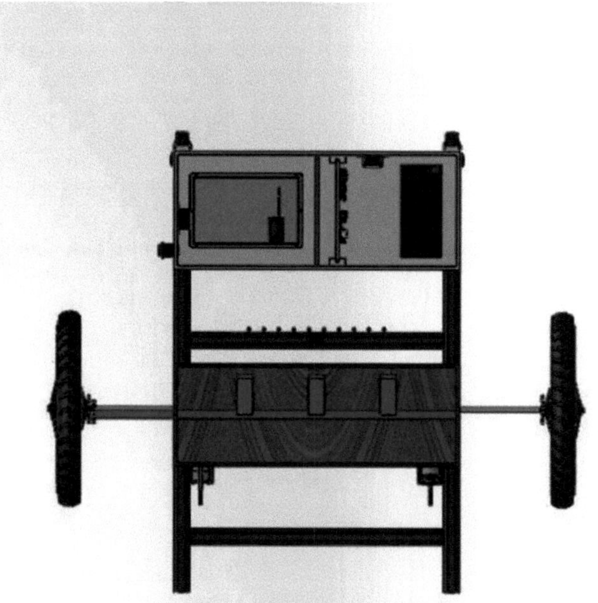

Figura 3.3 Perfil superior do modelo

3.3 Lista de materiais

Quadro 3.1 Lista de materiais

ITEM NO.	NÚMERO DE PEÇA	DESCRIÇÃO	QTD.
1	Estrutura (1X1 polegada quadrada - tubo de 3 kg)	Estrutura de base (ferro fundido dúctil ou ferro nodular)	1
2	Motor do limpa para-brisas	12V (45RPM)	2
3	Roda	11,5 polegadas	2
4	Caixa de sementes	18X6,5X7 polegadas Caixa de madeira utilizada para distribuição e armazenamento de sementes	1
5	Caixa frontal	Caixa WPC de 18X7,5X7 polegadas que aloja o depósito de água e os componentes da bateria	1
6	Rodas de rodízio	Rodas dianteiras que permitem um movimento de 360 graus	2
7	Mecanismo de cadeia de pinhões	É acionado pelo eixo traseiro e controla o mecanismo de distribuição de sementes	1
8	Eixo rotativo	Está presente no interior da caixa de sementes para uma distribuição correta das sementes	1
9	Bateria	Bateria pequena de 9V que alimenta a bomba de água e a placa de circuito impresso	2
10	Lavrador	Tem 12 dentes (12X3) polegadas	1
11	Suportes do motor do limpa para-brisas	Aloja os motores do limpa para-brisas	2
12	Caixa da placa de circuitos	Aloja a bateria principal e todos os componentes principais da placa de circuito impresso para controlar	1
13	Tanque de água	Caixa de plástico que serve para armazenar fertilizantes e água	1
14	Bomba de água submersível	Bomba de água de 9V DC, que bombeia a água/fertilizantes para a pulverização	1
15	Suportes de bateria de 9 V	Suportes de alumínio para alojamento de baterias de 9V	2
16	Interruptor DPDT	Interruptor DPDT de 6 pinos para controlar o atuador	1
17	Interruptor ON/OFF	Um simples interrutor ON/OFF de 3 pinos para controlar a bomba de água	1
18	Tubo	Tubo de silicone para pulverização de água	1

Capítulo 4: Resultados e Discussões

4.1 Resultados

O conceito de um robô agrícola polivalente significa uma solução versátil e adaptável que responde a vários desafios enfrentados pelos agricultores em todo o mundo. Ao integrar tecnologias e funcionalidades avançadas, este tipo de robô oferece inúmeras vantagens à comunidade agrícola.

Em primeiro lugar, o robô agrícola polivalente ajuda a reduzir a dependência do trabalho manual para a realização das tarefas agrícolas. Tradicionalmente, os agricultores têm dependido muito do trabalho humano para actividades como a lavoura, a sementeira, a pulverização e a colheita. No entanto, com a introdução de robots polivalentes, muitas destas tarefas podem ser automatizadas, minimizando a necessidade de uma grande força de trabalho. Isto é particularmente benéfico em regiões onde há falta de mão de obra qualificada ou onde os custos laborais são elevados.

Além disso, a eficiência dos agricultores é significativamente melhorada com a utilização de robots agrícolas polivalentes. Estes robots estão equipados com sensores avançados, sistemas de orientação de precisão e algoritmos inteligentes que lhes permitem executar tarefas com um elevado nível de exatidão e consistência. Ao automatizar actividades repetitivas e morosas, os agricultores podem concentrar o seu tempo e energia noutros aspectos da gestão agrícola, como o planeamento das culturas, a monitorização e a tomada de decisões.

Globalmente, a adoção de robôs agrícolas polivalentes representa uma mudança transformadora na indústria agrícola, oferecendo maior produtividade, poupança de custos e sustentabilidade. À medida que a tecnologia continua a avançar, estes robots têm o potencial de revolucionar as práticas agrícolas em todo o mundo, tornando a agricultura mais eficiente, rentável e amiga do ambiente.

Quadro 4.1 Comparação das eficiências de utilização entre factores

FACTORES	MANUAL TRABALHO	TRACTOR	AGRÍCOLA ROBÔ
Mão de obra	Elevado	Moderado	Menos
Tempo necessário	Elevado	Moderado	Menos
Lavoura	Manual	Manual	Automático
Semeadura	Manual	Manual	Automático

Rega/Fertilizante	Manual	Manual	Automático
Energia necessária	Muito elevado	Elevado	Menos
Desperdício	Elevado	Moderado	Menos

A declaração destaca a singularidade e a inovação de um determinado robot agrícola em comparação com outros no mercado. Segue-se uma análise dos pontos-chave:

- **Operação por um único indivíduo**: Ao contrário de muitos implementos agrícolas que podem exigir vários operadores ou uma intervenção humana significativa, este robot foi concebido para ser operado por um único indivíduo. Esta caraterística reduz a necessidade de mão de obra adicional e simplifica o processo agrícola. Além disso, o robô é capaz de executar três funções essenciais em simultâneo: escavar, semear e aspergir água e fertilizantes. Esta capacidade multitarefa aumenta a eficiência e a produtividade na exploração agrícola, uma vez que é possível realizar várias tarefas numa única passagem.
- **Adaptabilidade a regiões áridas e semi-áridas**: Outra caraterística distintiva deste robô é a sua capacidade de funcionar eficazmente em regiões semi-áridas e áridas. Nestes ambientes, as condições do solo podem ser difíceis devido ao baixo teor de humidade e à presença de solo seco e compactado. Ao contrário do equipamento agrícola tradicional, que pode ter dificuldades ou ser prejudicado por solos húmidos e lamacentos, este robô pode navegar sem obstáculos em terrenos secos e áridos. Esta capacidade é crucial para os agricultores que operam em regiões caracterizadas pela escassez de água ou por padrões de precipitação erráticos, uma vez que garante um desempenho fiável mesmo em condições ambientais adversas.
- De um modo geral, estas caraterísticas únicas fazem com que o robô agrícola se destaque no mercado, oferecendo uma maior eficiência, versatilidade e adaptabilidade a diferentes ambientes agrícolas. Ao enfrentar os desafios associados à escassez de mão de obra e às condições desfavoráveis do solo, o robô contribui para uma maior produtividade e sustentabilidade agrícola.

4.2 Análise custo-benefício

Esta passagem descreve uma análise de custo-benefício que compara a utilização de um robô agrícola com o trabalho manual tradicional nas actividades agrícolas. Segue-se uma análise detalhada:

- Pressupostos: A análise começa com vários pressupostos para padronizar a comparação. Estes pressupostos incluem o tamanho da área de cultivo (100 pés quadrados), o tipo de culturas (grama vermelha ou milho), a duração do ciclo de cultivo (4 meses) e as taxas de salário diário para trabalhadores masculinos e femininos (INR 500 para homens e INR 300 para mulheres).

- Custos de mão de obra manual: A passagem calcula o custo do trabalho manual necessário para várias actividades agrícolas, tais como lavrar a terra, plantar sementes, aplicar fertilizantes, regar a terra, tarefas de manutenção e remoção de ervas daninhas. Calcula que seriam necessários dois dias para duas pessoas (um homem e uma mulher) realizarem as tarefas iniciais e um dia adicional para a aplicação de fertilizantes e rega. Estima-se que as tarefas de manutenção ao longo do ciclo da cultura exijam 11 dias de trabalho, com mais 4 dias para a remoção de ervas daninhas e rega. O custo total do trabalho manual para um ciclo de cultivo é calculado em INR 14.400.

- Benefícios do robô agrícola: Em contrapartida, a passagem destaca os benefícios da utilização de um robot agrícola para realizar estas tarefas. Uma vez que o robô pode ser operado por um único indivíduo, as despesas operacionais são significativamente menores em comparação com a contratação de vários trabalhadores. A capacidade do robô para executar tarefas de forma autónoma reduz a necessidade de supervisão e fiscalização constantes. Além disso, a passagem menciona que o design leve do robô (cerca de 6 kg) facilita o seu transporte e instalação, aumentando ainda mais a sua facilidade de utilização e eficiência.

Em termos gerais, a análise demonstra que a utilização de um robot agrícola pode resultar em poupanças de custos e numa maior eficiência em comparação com os métodos tradicionais de trabalho manual. Ao racionalizar as operações agrícolas e reduzir as necessidades de mão de obra, os agricultores podem potencialmente melhorar a sua rentabilidade e produtividade, reduzindo também a sua dependência do trabalho manual.

4.3 Discussões

Esta passagem discute o potencial de implementação da robótica na produção agrícola nos países em desenvolvimento e contrasta a abordagem necessária nestas regiões em comparação com os países desenvolvidos.

1. **Fase de mecanização primária**: A passagem sugere que os países em desenvolvimento podem não precisar de passar por uma fase de mecanização primária antes de adoptarem tecnologias avançadas como a robótica. Faz uma analogia com a adoção de telemóveis nestes países, onde as pessoas saltaram a fase do telefone fixo e adoptaram diretamente a tecnologia móvel. Isto implica que os países em desenvolvimento podem ultrapassar as fases tradicionais do desenvolvimento tecnológico.

2. **Paradigma de implementação**: No entanto, a abordagem de

implementação da robótica nos países em desenvolvimento deve ser diferente da dos países desenvolvidos. Nos países desenvolvidos, a robótica normalmente melhora ou substitui componentes de sistemas de produção existentes e bem estabelecidos. Em contrapartida, nos países em desenvolvimento, a introdução da robótica exigiria a implementação de todo um sistema e não apenas a adição de componentes isolados.

3. **Desafios na África Subsariana**: A passagem destaca os desafios enfrentados na África Subsariana, onde as tentativas anteriores de modernizar a agricultura através da introdução de tractores falharam. Este fracasso é atribuído à ideia errada de que a simples introdução de tractores conduziria à intensificação da agricultura. Na realidade, a intensificação agrícola requer uma abordagem holística que considere vários factores para além da mecanização.

Esta passagem sublinha a importância de adotar uma abordagem holística e adaptada ao introduzir a robótica na produção agrícola, particularmente nos países em desenvolvimento. Embora as tecnologias avançadas, como a robótica, tenham o potencial de revolucionar as práticas agrícolas, a passagem sugere que a sua implementação deve ser acompanhada de uma análise cuidadosa dos desafios sistémicos mais amplos inerentes aos sistemas agrícolas.

A mera introdução da robótica sem abordar as questões estruturais e sistémicas subjacentes pode não produzir os benefícios pretendidos da modernização e intensificação agrícola. Isto implica que uma abordagem única para todos é insuficiente e, em vez disso, é essencial uma compreensão diferenciada do contexto específico e dos desafios enfrentados por cada sistema agrícola.

Os países em desenvolvimento debatem-se frequentemente com factores socioeconómicos, infra-estruturais e culturais únicos que podem ter um impacto significativo na adoção e eficácia das tecnologias agrícolas. Estes factores podem incluir o acesso limitado aos recursos, infra-estruturas inadequadas, cadeias de abastecimento fragmentadas e normas socioculturais relativas às práticas agrícolas.

Por conseguinte, a passagem sugere que a implementação bem sucedida da robótica na produção agrícola requer uma avaliação abrangente destes factores contextuais. Salienta a importância de estratégias adaptadas que abordem desafios específicos e potenciem os pontos fortes das comunidades e recursos locais.

Ao reconhecer a necessidade de uma abordagem específica ao contexto, a passagem sublinha a importância de integrar a robótica em iniciativas mais amplas de desenvolvimento agrícola que visem enfrentar os desafios sistémicos e promover um crescimento agrícola sustentável e inclusivo. Esta abordagem garante que a adoção da robótica se alinhe com os objectivos de aumentar a produtividade, melhorar os meios de subsistência e alcançar a segurança alimentar nos países em desenvolvimento. [6]

Capítulo 5: Conclusões

Este trabalho não fornece qualquer resultado quantitativo sobre a avaliação do efeito da introdução da robótica na agricultura na substituição de trabalhadores humanos. Antes descreve as condições, os constrangimentos e as relações inerentes entre a mão de obra e a tecnologia na bioprodução, bem como fornece o quadro processual e a conceção da investigação a seguir para avaliar o efeito da adoção da automatização e da robótica na agricultura.

Começámos por apresentar as caraterísticas únicas da produção agrícola, em comparação com a indústria, e, em seguida, derivámos os requisitos únicos da robótica para lidar com essas caraterísticas. Mostrámos que estes requisitos são também pré-requisitos para estimar o custo de diferentes níveis de utilização da automatização. O roteiro é o seguinte:

- Análise de cenários de processos específicos e dependentes de casos específicos
- Análise custo-benefício das implementações actuais (e previstas a curto prazo) de tarefas robóticas no âmbito destes cenários
- Determinação do nível de qualificação das actividades laborais envolvidas.
- Determinação do nível de rotina intensiva das actividades laborais envolvidas.
- Aplicar uma abordagem de engenharia de sistemas para representar a reestruturação dos processos.

Este excerto sublinha a importância de adotar uma abordagem de engenharia de sistemas ao analisar a integração da automação e da robótica na produção agrícola. Ao contrário das análises económicas tradicionais, que se centram principalmente em factores macroeconómicos, a abordagem da engenharia de sistemas aprofunda os meandros do sistema de produção, considerando tanto o trabalho humano como a maquinaria robótica.

Ao empregar uma abordagem de engenharia de sistemas, os analistas podem avaliar e reconfigurar exaustivamente a complexa interação entre trabalhadores humanos e robôs no sistema de produção. Isto implica avaliar a forma como as melhorias nas taxas de produção, resultantes do aumento da produtividade e da fiabilidade, afectam a eficiência e o valor globais do sistema. Essencialmente, qualquer melhoria num aspeto do sistema necessita de ajustes noutras áreas para manter o equilíbrio e otimizar o desempenho.

Além disso, os estudos científicos convencionais sobre o impacto da automatização e da robótica no mercado de trabalho baseiam-se frequentemente em modelos macroeconómicos, como as funções de produção de Cobbe Douglas ou de elasticidade constante de substituição (CES). No entanto, no contexto da produção agrícola, estes modelos podem não fornecer uma compreensão abrangente devido a limitações na descrição da dinâmica da mão de obra, particularmente no que respeita à mão de obra pouco qualificada.

Na agricultura, os trabalhadores sazonais e não registados contribuem significativamente para a mão de obra, o que dificulta a recolha exacta de dados relacionados com a mão de obra a nível macroeconómico. Por conseguinte, o excerto defende uma abordagem da base para o topo para avaliar os efeitos da automatização e da agro-robótica, começando ao nível da exploração agrícola. Isto implica expressar as operações agrícolas em termos da mão de obra efectiva necessária para tarefas específicas, tais como horas de trabalho por unidade de produto colhido, com base no nível de tecnologia implementado.

Ao adotar uma abordagem da base para o topo, os analistas podem obter uma compreensão mais matizada da forma como a automação e a robótica afectam a dinâmica do trabalho na agricultura. Esta abordagem permite uma comparação mais precisa dos diferentes níveis tecnológicos em termos do seu potencial para substituir o trabalho humano, facilitando assim a tomada de decisões informadas e o planeamento estratégico no sector agrícola. [6]

Em suma, este robô agrícola foi concebido e o protótipo foi desenvolvido para executar tarefas agrícolas. Foi concebido para realizar várias tarefas e ajudar os agricultores a melhorar a eficiência, reduzir a utilização de mão de obra e os custos. Este veículo de pequenas dimensões, como já foi referido, pesa cerca de 6-8 kg e pode ser facilmente deslocado por uma única pessoa.

Para melhorar a eficiência no sector agrícola, é necessário um sistema de controlo mecânico. Isto pode ser conseguido pelos robots que podem trabalhar mais rapidamente e com maior produtividade. Esta manobrabilidade e multitarefa é a principal vantagem do nosso robô agrícola, uma vez que realiza a lavoura, a colocação de sementes, a pulverização de fertilizantes e a aspersão de água, tudo em simultâneo, utilizando também a energia solar. Também pode ajudar a remover ervas daninhas e realizar tarefas adicionais, como programamos com diferentes ferramentas[5].

Referências

[1] ibef.org, 'India's Smart Agricultural Strategies', 2022, [Em linha]

Disponível em: https://www.ibef.org/blogs/india-s-smart-agriculture-strategies

[2] ibef.org, "Indian Agricultural Industry Analysis", 2022, [Em linha]

Disponível em: https://www.ibef.org/industry/agriculture-presentation

[3] Barhate D, Chaudhari V, Borle G, Birajdar A e Nimbalkar A G 2018 Conceção e fabrico de um robô agrícola polivalente Revista Internacional de Investigação Científica e Desenvolvimento

[4] Vishnu prakash K et al (2016), "Conceção e fabrico de um robô agrícola polivalente", Intl Journal of Advanced Science and Engineering Research, Vol.1, Issue.1, pp.77882

[5] Gowtham kumar S N, Anand G Warrier, Chirag B Shetty, Gerard Elston Shawn D'souza, 2019, "Multipurpose Agricultural Robot", International Research Journal of Engineering and Technology (IRJET), Vol. 6, Issue 4

[6] Vasso Marinoudi, Claus G. Sorensen, Simon Pearson, Dionysis Bochtis, 2019, "Robótica e trabalho na agricultura. Uma consideração do contexto

MIX
Papier aus verantwortungsvollen Quellen
Paper from responsible sources
FSC® C105338

Printed by Books on Demand GmbH, Norderstedt / Germany